楽しかったね、ありがとう

石黒由紀子

幻冬舎文庫

楽しかったね、ありがとう

はじめに

犬や猫は、一般的に7歳を過ぎると「シニア」と呼ばれるようになり、飼い主としては、余命や加齢に伴う健康状態が気になりはじめます。

目下、私の願いは「愛犬・センパイと愛猫・コウハイが健康で長生きしてくれますように」。どうぶつと暮らす人なら、誰もがうちの子の「健康で長生き」を願うことでしょう。我が家もそうなるように気をつけてはいますが、こればかりはどうなるかわかりません。また、もしものときに、自分はどうなってしまうのだろうと不安もあります。

そこで、何か参考になることはないかと、ご長寿の犬や猫を見送った方々からお話を聞いてみることにしました。日頃どんな生活をしていたか、見送るまでの日々をどう過ごしたか、さよならをどう受け入れたのか……。

「これから経験するかもしれない方に少しでも参考になれば」と、かけがえのない日々を、20人の方々が一生懸命に話をしてくださいました。伺ったお話には、それぞれに迷いや悩み、悲しみ、そして気付きと喜びがありました。

犬や猫は（そのほかほとんどのどうぶつたちも）人間の何倍もの速さで「生」を駆け抜けていきます。私たちにとって変わりばえのない今日であっても、どうぶつたちと過ごせる瞬間がいかに貴重で、今を精一杯慈しむことがどれだけ大切か……。もちろん、長生きすることだけがしあわせというわけではないけれど。

誰にも、どんな犬や猫にも、唯一無二のすばらしい物語があるのです。

犬の平均寿命は14・29歳、猫は15・32歳（一般社団法人ペットフード協会が2018年に発表）。

年齢のかぞえ方は、諸説ありますが、犬も猫も生後1年で20歳くらいになり、それからは人間の約4倍（大型犬は7倍）の速さで年をとると言われています。なので、おおよそですが、5歳の犬や猫は、人間の年齢でいうと30代半ば、11歳で還暦となります。この本に登場する最高齢は猫のにゃん、享年25歳。にゃんは、１２０歳くらいまで生きたのですね。すごい！

もくじ

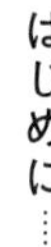

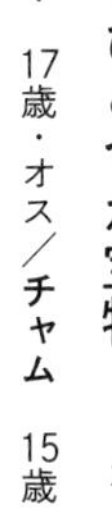
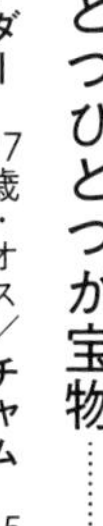

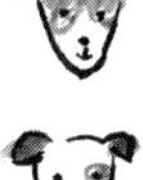
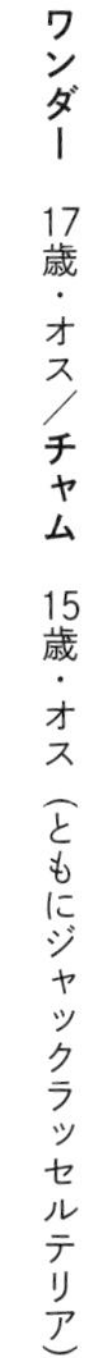

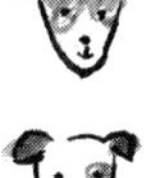

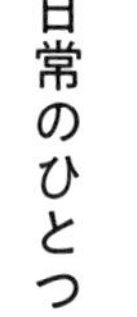

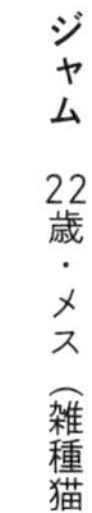

はじめに……4

寂しいけれど、悲しくはない……12
ジャム　22歳・メス（雑種猫）

日常のひとつひとつが宝物……21
ワンダー　17歳・オス／**チャム**　15歳・オス（ともにジャックラッセルテリア）

最期の会話は肉球で……32
ミーシャ　21歳・メス／**ハービー**　20歳・オス（ともに雑種猫）

おもしろかったことを思い出して笑いたい……42
モンタ　19歳・オス（ビーグル）

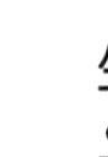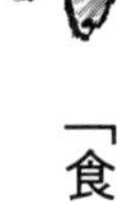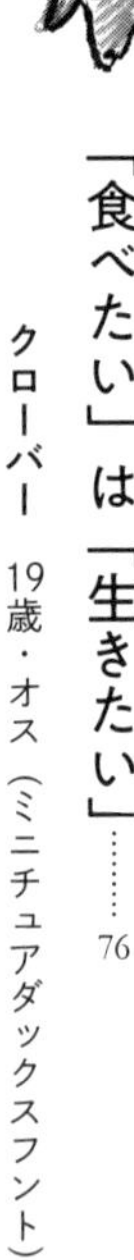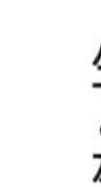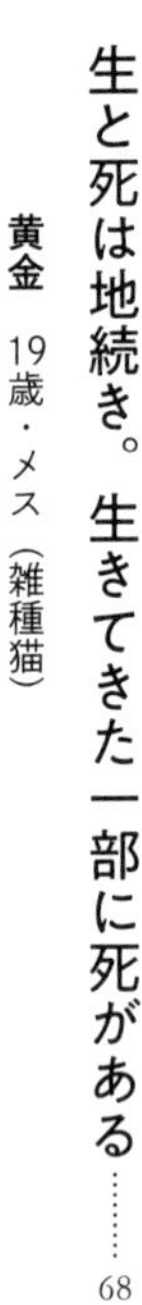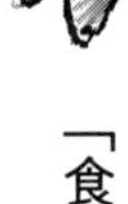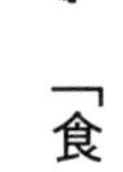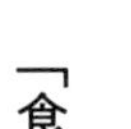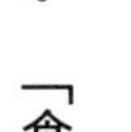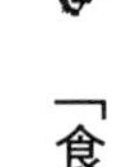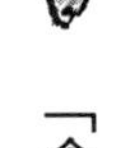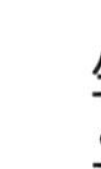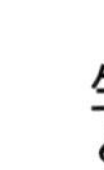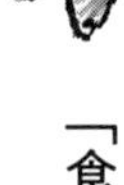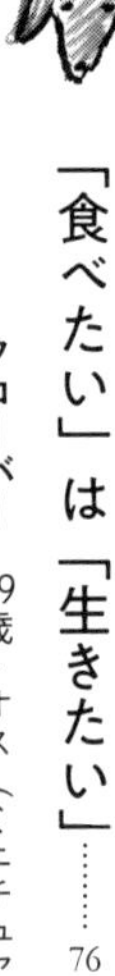

合わせるのでなく、合わせてもらうのでもなく……50

美香　19歳・メス／**省**　17歳・オス（ともに雑種猫）

その日まで、自分のペースで過ごして……59

さくら　17歳・メス／**まる**　19歳・メス（ともに雑種犬）

生と死は地続き。生きてきた一部に死がある……68

黄金　19歳・メス（雑種猫）

「食べたい」は「生きたい」……76

クローバー　19歳・オス（ミニチュアダックスフント）

猫は生きるためだけに生きている……87

うらん　20歳・オス（雑種猫）

最期まで命を使いきった……96

ルビー　18歳・メス（雑種犬）

きっとまた会える……107

リリ　19歳・メス（雑種猫）

綱渡りのような日々も愛おしい……116

ユパ　19歳（推定）・オス（トイプードル）

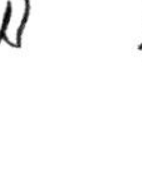

身体は魂のいれものだった……124
テン　23歳・メス（雑種猫）

静かに、あやかりたい逝き方……133
ジェイク　17歳・オス（ワイヤーフォックステリア）

命の長さを決めることはできない……141
祭　16歳・オス（雑種猫）

お疲れさま、ありがとう……151
チャコ　17歳・メス（ラブラドールレトリーバー）

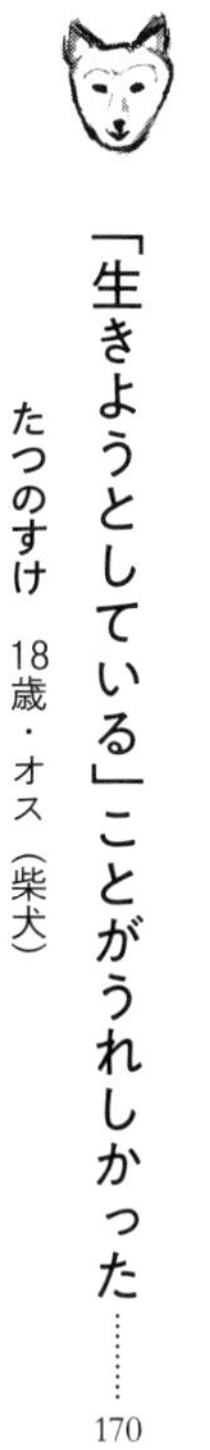

自分の軸を戻してくれる存在だった……162
にゃん　25歳・メス（雑種猫）

「生きようとしている」ことがうれしかった……170
たつのすけ　18歳・オス（柴犬）

大好きだったよ、これからも大好きだよ……180
カプチーノ　19歳・オス（雑種猫）

先に行って、散歩しながら待ってて……190
はな　18歳・メス（ミニチュアピンシャー）

文庫　あとがき……199

寂しいけれど、悲しくはない

ジャム 22歳・メス（雑種猫）

長くともに暮らしたペットの最期を看取れたか否かは、その後の気持ちを大きく左右するのかもしれない。

「うちのジャムのこと、家族3人で送れたことは本当によかったと思っています」

そう話すのは、手芸家の石川ゆみさん。ジャムは2013年に22歳で亡くなった。

「最期は家族みんなで大合唱でしたよ、ジャムー！　ありがとー！　ジャム――！って」

ジャムは、ゆみさんがアパレル会社に勤めていた20代前半の頃、同僚の家で生まれた。母猫はチンチラのミックス。「仔猫が生まれたから、見に来ない？」、そう誘われて友人3人で見に行った。どうぶつと暮らした記憶はないが（ずっと昔、青森の実家には犬がいたらしい）、子どもの頃から猫が好きだった。生まれたての仔猫が5匹、かたまりになってうねうねと動くのを見て、瞬時に「あ、この子！」とグレーの1匹に目をつけた。同行した友人は「私はこっち！」と茶色を指差し、もうひとりは黒猫。それぞれ里親になると即決。

　軽い気持ちで見に行った。運命の出会いをするなんて、そんな予感もなかったのに……。これが「縁とタイミング」というやつか。

　とにかくかわいかった。顔も姿かたちもひと目見たときに「かわいいっ！」と気に入り、それから22年間。「ずっとずーっと、本当にかわいかったです」、そう言いながらゆみさんは写真を見せてくれた。「たしかにかわいい」と私も大きく頷（うなず）いた。短毛でも長毛でもない、その中間くらいの被毛で薄グレー色。ふわふわっとして、まるでぬいぐるみ。骨格はどちらかといえば華奢（きゃしゃ）。丸顔にくりっとした目、正面から見るとふくろうの赤ちゃんにも似たような。

　後日、自転車に乗って引き取りに行き、仔猫を連れて帰ったゆみさん。ジャムという名前は、当時、好きだったバンド名から。8〜9週間くらいは母猫と過ごすのがいいらしいが、その頃はそんなことを知らず、ジャムは生後1ヶ月くらいでゆみさんと暮らすようになった。元気で無邪気で遊ぶのが大好きだった。物陰に隠れていて「わっ！」と飛び出して驚かせたり。陽気でおちゃめな仔猫との日々は、毎日が本当に楽しいことばかり。

その後、ゆみさんは結婚。そして母となった。ジャムに見守られること22年、引っ越しは4回。

環境が変わっても、自分なりのペースで暮らしに慣れたジャム。ゆみさんに女の子が生まれたときは、赤ちゃんに近寄ろうとはせずにずっと同じ場所にいた。それは部屋の隅の服の上。「ここ、フェルトが敷いてあったっけ？」というくらい、周囲はジャムの毛でいっぱいになった。長時間座ってじっとしていて、娘が眠るとリビングに出て来る。それがジャムなりの安全な距離の取り方だった。

陽気な反面、人見知りなところがあったジャム。それも普通とはちょっと違う感じの。人見知りな猫は「知らない人が来るとクローゼットに隠れて姿すら見せない」というように、気配まで消してしまうものだけれど、ジャムは、お客さんが来ると、棚の上に陣取り、上から人間を睨（にら）みつける。目が合うと「シャー！」と大迫力。

娘の友だちが来ても「シャー！　シャー！」と全力で強気。「あんたは誰だい？なんでうちに来たんだ」と、常に戦闘態勢で迫る。お客さんたちも「あー、怖い、怖い」。誰が何度来ても慣れなかった。実は、長年一緒に暮らしている家族にも、心を許していない感じすらあった。ジャムは人見知りというより、人嫌い？　もしかしたら「ゆみさん以外の人はみんな嫌い」な猫。

遊ぶことが大好きだった陽気なジャムは、気が強くプライドの高い猫に成長。唯一、気を許す存在はゆみさん。しかし、ゆみさんにも抱っこされるのは気が向いたときだけ。ブラッシングもなかなかできなかった。だから、「動物病院に連れて行くのもひと苦労」。不妊手術後に太り、肝臓を悪くしたり、被毛が溜まって腸閉塞になったりもしたけれど、食事をカリカリのみにして、ウエイトコントロールに成功した5歳頃からは、健康状態も落ちつき、病院通いをすることもなくなった。

15歳のときに、爪が伸びすぎて肉球に食い込んでしまったことがあり（長い間、爪切りもさせてくれなかったゆえ）、そのときの通院も大変だったものの、それ以外は強気高気圧ガール。マイペースの1日、1日。

10代後半になると、知り合いの同世代の猫が亡くなったという話も聞こえてくるようになった。ゆみさん自身も年齢を重ね、生まれた娘もどんどん成長しているのに、なぜかジャムだけが昔のまま。ときが止まったかのように。かわいくて、気が強くて、いつも上から目線。

「死んでしまうそのときがいつか、と思うこともありましたが、先走って想像して悲しくなっても意味がない」し、不確定な将来をあれこれ思い悩むのもナンセンス。ゆみさんは「ジャムはこのままずっと死なずに生きてるのかも」と、軽く思うことにしていた。

しかし、ジャムが20歳を過ぎた頃、夜鳴きをするようになった。深夜2時くらいから、アオ〜ン、アオ〜ンと、全力で鳴き、それはそれは、とても大きな声だった。そして部屋の中をぐるぐる歩く。「これが徘徊(はいかい)というやつか、いよいよ来たな」と身構えた。目もあまり見えていなかったのか、あちこちにぶつかりながら、歩いて、鳴いて。鳴いては歩く。

「ご近所から苦情が来たらと、気が気ではなくて。仕方がないなぁ、どうしたものかなぁと思いながらも、なまぬるく見守るしかなかったんです」

そしてあるとき、「そういえば、最近鳴いてないよね?」と気がついた。夜鳴きは

1年半くらい続いて止んだ。その頃には、さすがにおだやかな猫となり、娘もジャムを（少しは）抱けるようになった。

「でも、あまり触らせてくれないのは相変わらずで、だからいつも目ヤニをたんまり付けて」

幕引きは急に来た。ある日、いつものトイレに入っておしっこをしたジャム。足はトイレに入ってはいるもののおしりがはみ出していて、おしっこは床に溜まった。いつもならトイレに入り、くるりと1回転。向きを変えてから砂の上で用を足していたのに。「これはまずい！」、繰り返される前にと、急いで紙パンツをはかせた。しかし、紙パンツをはかせたら、ジャムは「はっ！」となって途端に動かなくなってしまった。もう手すら動かさない。瞬（まばた）きくらいはしていたかどうか。ごはんも食べないし水も飲もうとしない。なんだかすべてを拒否して、「生きるのやめました」という顔つきで、ジャムは宙を見つめてただじーっとしてるだけ。ジャムは命がけで紙パンツを拒否した。仕方がない。そこで「もう、なるようになれ！」と紙パンツを脱がせ、「おしっこでもなんでも、自由にしていいよ」。

しかし、その2日後、ジャムはあっけなく息を止めた。予感はなんとなくあって、その日は休日だったこともあり、ずっと家族で見守っていた。

「亡くなったのは夜でした。その瞬間、あ、死んだ、って思ったんですが、あまりに静かであっけなかったので、あれ、今死んだ？　死んでる？　うん、死んだ、よね……みたいな。みんなで確認し合ったりして、ちょっと間抜けな空気になりました。それくらい、さりげなく逝きました」

22年の最期って、案外そんなものなのか。気高いジャムは、紙パンツが耐えられなかった。「こんなのはくくらいなら、あたし、死ぬわ！」と自分で決めた。最期まで強気なジャム。もちろん、それだけではなく、身体の衰弱も進んではいたけれど。

「もう会えない」と思うとすごく寂しいが、悲しくはなかった。ジャムも〝生ききった！〟という感じで、なんの未練もない顔で逝き、ゆみさんも「22年もありがとう！」という気持ちでいっぱいだった。寂しくも、すっきりした気分で「悔いなし！」。ジャムの亡骸（なきがら）は1・5キロ。両手に乗るくらいの大きさだった。

「そういえば、ジャムと同胎の茶色い仔猫を引き取った友人の話なんですけど」とゆみさんは切り出した。

「あのときの茶色い子は、ジャムより2年長く、なんと24年も生きたんですよ」

近所のスーパーかコンビニかに買い物に行き、戻って来たら、息絶えていたのだそうだ。そんなことがあるなんて……。その最期の瞬間を見届けられなかったことで、友人は愛猫の死をなかなか受け入れられず、ペットロスになった、と。

「彼女は猫がいないことに耐えられなくて、またすぐ新しい猫を迎えました」

新しい猫に死んだ子を重ねたかったのかもしれない。

「私は、ジャムにはやりきった気持ちしかないから、猫を積極的に迎える心境になれないというか。何かのタイミングで、また私のもとに来るべき猫がどこかにいるんじゃないかとは思ってはいるのですけど」

心の準備はしてるけれど、まだそのときではないようだ。

出会いも突然だったけれど、別れもまた、あっけなかったジャム。

「猫の22歳は、人間では110歳ですからね。すごいことですよ」と知人に言われ、ゆみさんはしみじみとときの流れを噛（か）みしめた。生後1ヶ月から亡くなるまでのジャムの22年間を全部見ている。20代前半だった自分がジャムと出会い、それから間もなく家族ができて、気がつけば、今では娘も高校生。そして自分も手芸作家になっている。あの頃から道はずっとつながっていた。思いもよらなかった今を生きている。

日常のひとつひとつが宝物

ワンダー　17歳・オス
チャム　15歳・オス（ともにジャックラッセルテリア）

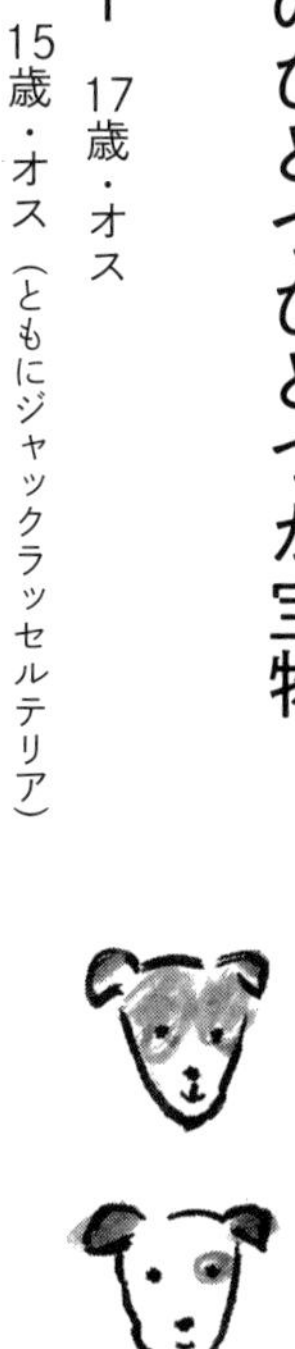

ジャックラッセルテリアのチャムを半年ほど前に亡くした井出綾さん。15歳と3ヶ月だった。フラワーアレンジメントの仕事をし、2人の男の子を育てた母でもある。かごやフラワーベースに花を生けるとき、心に留めているのは「花は野にあるように」。華美ではなく可憐、芯があり素朴さを感じるアレンジや花束は、綾さんの人柄そのままだ。

「チャムは加齢とともに弱ってきてはいたけれど、さよならするのはまだもう少し先のような気がしていた」と綾さん。

「ワンダーが17歳と6ヶ月まで生きたので、チャムもそれくらいまでは、と、思っていました。もちろん享年15歳も立派なのですが」

ワンダーは、先住の犬でジャックラッセルテリアのオス。ジャックラッセルテリアとの暮らしは20年にもなった。ワンダーが亡くなって、チャムがひとりっ子（？）を謳歌したのは1年ほど。「この時期がもっと長ければよかったのに」と、今でも残念に思う。

幼い頃から、兵庫の実家では犬を飼っていた。コリー、ヨークシャーテリア、マルチーズ、昭和の人気犬種ベスト3というような並びだけれど、「なんだか犬運はよくて」、どの犬も貰ったり、拾ったり。犬好きは遺伝するのか、長男が小学生になると、犬を飼いたいと懇願するようになった。「飼うならば、子どもたちと一緒に遊んでくれそうな。そして、住宅事情を考えると大型犬は無理で……」と時間をかけて何度も家族会議をし、もともとテリアが好きだった綾さんの好みもプラスされ、当時はまだ珍しかったジャックラッセルテリアを飼おうと決めた。その後、『愛犬の友』でジャックの特集が組まれたときに、たまたま掲載されていた愛知のブリーダーに連絡を取ったところ、オスの仔犬を1匹譲ってもらえることに。長男が小学6年生のときだった。

　我が家の犬というより、あくまでも「長男の犬」ということにした。親として、もちろんフォローはするけれど、中心になって世話をしたり、何かあったときに責任を持つのは、基本、長男。ブリーダーさんへのお礼は「彼がおこづかいを貯めたお金で」。名前も長男が本棚にあったレイチェル・カーソンの『センス・オブ・ワンダー』という本から付けた。ふたり（ひとりと1匹）は、すぐに打ち解けよき相棒となり、ともに元気に成長。家族の中での序列は、長男、ワンダー、次男。

　それから4年が過ぎた頃、今度は次男がこう言い出した。

「お兄ちゃんにはワンダーがいるのに、なんで僕にはいないの？　僕も僕の犬が欲しいよ」

　綾さんは次男の気持ちも理解できたが、ペットショップで犬を買うことに積極的になれず、「どこかにいい犬がいればな」と、なんとなく先延ばしにしていた。そんなある日のこと。仕事でクタクタに疲れ、夕ごはんにコロッケでも買って来ようと肉屋へ自転車を走らせていたとき、2匹のジャックラッセルテリアを散歩させている紳士と出会った。

「ジャック、かわいいですね！」、つい声をかけたところ、「この犬のこと、わかるの？」と紳士。「ええ、うちにも1匹いるんですよ」

そんな会話からしばし立ち話となった。すると、紳士の家にはこの2匹のほかに、生まれたばかりの仔犬が4匹もいて、「貰ってくれる人を探している」という。さらには、「実は、里親が決まっていたけれど、1匹だけキャンセルされてしまって困っている」と。そして「うちで育ててもいいけれど、すでに2匹いるし、どこかに貰ってくれる家があれば、そのほうがいいと思ってね」。そんな流れから、綾さんは近所にあった紳士の家に犬を見に行った。「ワンダーとの相性もあるし」と躊躇（ちゅうちょ）したが、「1日連れて行って様子を見てみたら？」という紳士の言葉に背中を押され、そのまま預かってみることに。

「ただいまー、犬連れて来たよー！」

コロッケを買いに行ったおかあさんが、犬と一緒に帰って来た。なんというサプライズ、子どもたちは大喜び。特に次男にとっては、願いが叶えられた記念すべき日となった。

ハイパーな一面を持つ先住犬のワンダーも、小さな仔犬を攻撃することはなく、これなら大丈夫そうだ。翌日には「うちの子として迎えます」と紳士に連絡。しばらく慎重に様子を見ようと思っていたのに、決断は早かった。やっぱり「犬運」がいい。

2匹目の犬の責任者は次男。「世話もちゃんとする」と約束が交わされ、名前は「チャム」と彼が名付けた。ワンダーのときに倣い、もちろん紳士へのお礼も次男から。やんちゃ坊主同士のコンビが誕生した。

2匹の散歩、ブラッシング、ごはん……。子どもたちは犬の面倒をよく見た。部活の都合などでふたりが散歩に連れていけないときのピンチヒッターは綾さん。前もって家族のスケジュールを照らし合わせ、1週間のシフトを組んで、何曜日は誰が散歩の当番かがすぐわかる一覧表を冷蔵庫に貼って家族に周知。チームワークで乗り切った。

ワンダーとチャムは特別仲がよかったわけではないけれど、争うようなこともなく、ほどよい距離を保って暮らしていたが、「ワンダーの晩年には、寝ているワンダーにチャムがお尻をくっつけて寝たりしていたから、もしかしたら、チャムはずっと甘えたり遊んだりしたかったのかもしれませんね」と綾さんは振り返る。

ワンダーもチャムも健康に恵まれ、大きな病気をすることもなく年齢を重ねたが、ワンダーは16歳のときから、てんかんのような発作を起こすようになった。はじめは驚き、どうすればいいのかわからず、かかりつけの動物病院に電話をするのが精一杯。獣医師からは「脳に何か異変が起こり、その影響での発作と思われる」と告げられた。綾さんは、ワンダーの今後を自分が決断するより、まずは長男の意見を聞くことに。

「ワンダーは長男の犬なので、どう治療したいかも彼が考えて、決めるのがいいと思って……」

すでに社会人となっていた長男は、ワンダーの年齢のことも考え、積極的な検査も治療もせず、そのときそのときを苦しくないように、痛くないように緩和ケアをしながら見守ることに決めた。そして「治療費も自分で出すから」と。

ワンダーの発作は繰り返し起こり、そこから回復するのに時間もかかった。そのつど病院に運び、点滴や投薬。寝ていることが多くなったが、体調がいい日には近くを散歩することもあったり、また具合が悪そうな日が続いたり。一喜一憂。しかし食欲だけは衰えず、ほぼ寝たきりになってからもよく食べて、「さすが食いしん坊のワンダー！」と、家族で喜んだ。

しかし、ある日、いつものように食事をさせようとしたら「プイ！」と首を動かして、ごはんを差し出す綾さんのほうを見ようともしない。「もう興味ないよ！　って感じ。そんなことは今までに一度もなかったのに」と綾さんを驚かせたが、それが合図だったかのように、ワンダーはその日の夕方に亡くなった。

ワンダーが逝って1年。寂しさをチャムに慰められていたが、チャムもワンダーと同じような発作を起こすようになった。発作が起きると苦しそうに唸る。歩いてもくるくる回ってしまったり、立てない日があったり。

「今度は次男に、チャムの治療方針をしっかり決めるように相談しました。そしたら彼も考えた末に、長男と同じ判断をしました」

発作のあとには点滴を打って、チャムができるだけつらくないように、苦しくないように。痛いところがないように……。症状が回復したり悪くなったりのサイクルもまた、ワンダーのときと同じ。

獣医師とのやりとりの中では「安楽死」という言葉も出たが、「その決断はどうしてもできませんでした」。子どもたちも同じ気持ちだった。

「治る見込みがないのだから、苦しみを増やすことはないかもしれない」「ここまで精一杯がんばってきたのだから、もういいよ。大変だったよね」「お疲れさま、ゆっくり休んで」「少しでも長く生きていてほしい、そう思うのは人間の身勝手かな」

さまざまな気持ちが、そのときどきで移り変わっては押し寄せた。息子たちと綾さんの決断がよかったのかどうかはわからない。その人、その犬、その環境で、答えはひとつではないし、思いはそれぞれにある。

徐々に寝たきりになったチャムは、食事を摂らないまま1週間ほど過ごし、旅立った。心残りなのは、2匹とも亡くなる時間を見守れなかったこと。忙しくしていたので、犬の介護に時間をたっぷり取れず、仕事の時間になると、気持ちを残したまま、家を出るしかなかった。

「行って来るよー」「すぐ帰って来るからね」「ひとりで逝っちゃだめだからね」「待っててね」

しつこいくらいに声をかけて、何度も振り返りながら家を出た。

「その時期が一番つらかったです」

介護にはゴールが見えない。いつも霧の中にいるようで、心のどこかに重く大きなかたまりがいつもある。いつ霧が晴れてくれるのだろうかと思うけれど、そのときは……。

ワンダーがもういよいよ、という日も綾さんには仕事があり、長男が予定を早めに切り上げて帰宅することになった。時間ぎりぎりになって「行って来るよー、今日もちゃんと待っててねー。お兄ちゃんもすぐ帰って来るよー」、そう声をかけて綾さんは家を出たが、長男が帰って来たとき、ワンダーはもう息をしていなかった。その間わずか30分。

「ワンダーは、ひとりで旅立ちたかったのかもしれない」と今なら思える。それが照れ屋で気丈な彼らしさのような気もする。仕事を終えて帰宅した綾さんは、長男の泣きはらした目を見て、「ふたりだけでゆっくりお別れの時間が持ててよかったかな」とも思った。母がいたら、息子も思いきり泣けなかったかもしれない。

「20年ずっと犬と暮らしていたけれど、うちは大きな旅行もしなかったし、特別な思い出もないいんですよ」

そう笑うけれど、だからこそ、小さなひとつひとつが大切な宝物。「ただいまー」と家に帰っても犬たちの足音が聞こえてこないのが寂しい。キッチンで料理をしていて、キャベツの芯を捨てるときに「ワンダーがいたら喜んで食べるのにな」と思い、ヨーグルトの容器を洗って捨てるときは「チャムだったら洗うよりきれいになめるのに」と思い出す。日常は宝箱だ。

長男が大学生、次男が中学生のときにシングルになり、仕事をしながら子どもを育ててきた綾さん。長男は成長し、自分の世界を持ち、状況も理解できるようになっていたけれど、次男はまだ不安定で多感な時期。誰もいない家にひとり帰宅していた彼に「寂しい思いをさせているかな？」と申し訳なく思っていた。後年、そのことを詫びると、次男は言った。

「家に入ると犬たちの足音が聞こえて、2匹が玄関まで迎えに来てくれてたから、誰もいない家に帰るなんて思ってなかった。〝寂しい〟なんて感じたことは一度もなかったよ」

ふたりの息子と2匹の犬。はじめはみんな足並みを揃えて大きくなったが、途中から、犬たちは何倍もの速さで年を取り、老い方、死に方まで見せて教えてくれて、綾さんと息子たちの前を駆け抜けていった。

「あたりまえのことですが、命が尽きるまでは『生』。最期までしっかり生きてくれた2匹の犬に〝生きる〟ということを教えてもらったような気がします」

日々の世話などほんの些細(ささい)なことで、犬たちはそれ以上の大きな軌跡を残してくれた。息子たちのやさしさと思いやりは、２匹が育んでくれたものだ。ふたりの息子も社会人。ワンダーとチャムもいなくなってしまった。綾さんにとって、今が自分のことを思いきりやれる時期。

「寂しくないわけではないけど、精一杯日々を楽しみたいと思います」

人間に比べて犬の寿命は短い。しかし、看取れる寿命だからこそ、ともに暮らしていけるのだ。

最期の会話は肉球で

ミーシャ 21歳・メス
ハービー 20歳・オス（ともに雑種猫）

まもなく21歳になるオスの雑種猫・キューブリックと暮らす森基優子さん。東京都港区在住、芸能関連の仕事をしている。２０１６年と２０１７年の春に、相次いで２匹の愛猫を見送った。ミーシャ・21歳とハービー・20歳８ヶ月。20年という長い間、ともに暮らした猫を相次いで看取り、喪失感は大きいが、まだ末っ子（？）のキューブリックがいる。今は「この子の面倒を見なくちゃ」という気持ちに支えられている。末っ子も20歳超えなのだから「次の子は迎えないの？」と言われることもあるが、新しい猫を迎えることは、もうないかもしれない。

何をしていても猫たちのことがいつも頭の中にあった。この二十数年、猫たちの面倒をしっかり見たという自負もある。「解放というと、言葉が違うかもしれないけれど、猫たちから離れてちょっと自由になりたいな、という気持ちもありますね」と優子さん。自分をリセットする意味でも、キューブリックを見送ったら、しばらくは、猫と暮らさないつもりだ。

ずいぶん前になるけれど、友人たちと熱海に旅行したとき、その晩はどうしてもキャットシッターが見つからなかった。優子さんは、同行のみんなと夕食を食べ、温泉も満喫。しかしその後、最終の新幹線でひとり帰京。猫たちの世話をして、また始発で熱海に戻り、みんなと朝食を食べた。「若いうちはともかく、3匹とも10歳を超えていたし、心配」でのことだが、「そこまでの体力、これから20年維持できるかどうか」と、笑う。

そんな優子さん。猫と暮らすようになったのは自分で望んでいたことではなかった。どうぶつ好きではあったが、どちらかというと犬派。最初の愛猫・ミーシャは当時のボーイフレンドが、ある日突然連れて来た。「はい、お誕生日のプレゼント」と渡されて、驚いた。どこかの猫が何匹か産んだ仔猫の中の1匹とのこと。「どうしてこの子にしたの？」と聞いたら「この子が一番弱そうだったから」。「なんで弱そうな子を？　元気そうな子じゃなくて？」と思った。

猫の〝ね〟の字も知らなくて、何かあるたびに「どうしようどうしよう」と試行錯誤しながら、ミーシャのかわいさと猫と暮らす楽しさにどんどんのめり込んだ。

「完全に依存していたような感じでしたね」

当時は、参考になるような本もあまりなかったが、やっと出会ったのが2001年に出版された『犬と猫のための自然療法』という本。西洋の民間療法と東洋医学を併せて紹介しているような内容で「あれこれやりすぎるより、何ごともなるべく自然に」という自分の考え方にも近く、共感できた。それからは、判断に迷うことがあるとこの本を繰り返し読んだ。ページをめくるとあちらこちらにラインマーカー。読んで熟考し、自分の知識として積み重ねた跡だ。猫の二十数年はこの本とともにある。もちろん鵜呑みにしたわけではなく、参考にして、基準にしてきた。

はじめの数年は、とにかく本当に何もわからなかったので、猫を飼っている人の話もよく聞いた。その中に「猫は、1匹で留守番してる時間が長いと、ぼけちゃうわよ。もう1匹迎えたら？」とアドバイスしてくれる人がいた。「2匹目？」。考えたことはなかったが、優子さんには自分がミーシャに依存している自覚があって「もしミーシャが亡くなったら、私はどうなってしまうかな」、そんな不安がよぎることもあった。その気持ちを払拭する意味もあって、2匹目を迎えることに決め、江戸川区で保護猫活動をしている人を訪ねた。そこで出会ったのが、ハービー。

優子さんの希望は「オスの仔猫で、しっぽが長い子」。ミーシャがメスなので、オスメスのほうが「ケンカしないかも」と思ったことと、猫はしっぽで感情表現をすると本で読み「実際ミーシャもそうだし、しっぽが長いほうが気持ちがわかりやすいはず」と考えた。2匹の相性が心配だったが、経験者に聞いたところ、「まずは新入りよりも先住猫に気を遣え」ということらしいと会得。新入りを必要以上にちやほやせず、何ごとも先住猫を優先。新入りを抱っこして、先住猫に見せながら「仲よくしてね～」ってやってるイメージがあるけれど、あれは逆。初対面は先住のミーシャを抱っこして、仔猫に近づけて。それでうまくいった。

そしてその1年後に、知人から「ひとりと2匹って、なんだかバランス悪くない？行き場のない猫がいるんだけど、見に来ない？」と誘われ、そこで会った仔猫にひと目惚れ。それが3匹目の猫となるキューブリック。年子の猫3姉弟との暮らしがはじまり、猫たちは、優子さんの一部のような存在になった。

どの子も生まれたところは見ていないが、400～500グラムの手のひらサイズでやって来た。「まだ赤ちゃんのにおいがするうちは先住猫も新入りを殺めることはない」と聞き、「それならば」と、猫たちの自主性に任せ見守ることに。そのうちに猫同士の関係性が自然にできあがっていった。以後、ときにやり合いながらも、心地よい距離を保った。

2011年3月。東日本大震災後には、キューブリックが体調を崩した。いかにも具合が悪そうな様子が続いて心配していたが、ある日とうとう血を吐いて……。

「病院で検査しても、原因は見つからず。結局、あとから逆流性食道炎ということになったのですが、ストレスだったんでしょうね。テレビから緊急地震速報の音が聞こえると震え上がるような感じでしたから。怖かったみたいですね。キューちゃんはナイーブなところがあるんです」

一時は本当に危ないときもあり、優子さんは「一番下の子が一番先に逝くなんて、だめよ。順番は守らなくちゃだめよ」と一生懸命言い聞かせながら看病をした。ちょうどときを同じくして、優子さんの母も逆流性食道炎になった。症状も似ているし、点滴や投薬の量の違いがあるくらいで、治療方法はほぼ同じ。「人も猫も『どうぶつ』

であることには変わりがない。本当に同じなんだなあ」と実感。
　このとき、キューブリックの食欲がなかなか戻らず苦労した。あれこれ工夫してみたが一切食べようとしなかった。体力を保たせるための点滴を受けに通院したけれど、病院に行くこと自体がキューブリックにはストレス。そこで、獣医の指導を受けながら、優子さんが自宅で皮下輸液をしたり……。しかし、このままずっと食べないのでは元気にならない。ぐるぐると思考をめぐらせても一向に案は浮かばなかったが、あるとき「基本的なことを忘れていた」と気づく。猫は雑食ではなく肉食。ならば肉を食べさせればいいのでは？　試しに鶏のもも肉を茹でてみたところ、キューブリックはパクッと食べた。それからはもも肉と新鮮な水だけを食し、ゆっくり体調は回復。本調子になるまで約1年。なかなかの長患い、優子さんにとっても印象深い経験となった。

　最初の猫・ミーシャは生涯カリカリを食べていた。これも「口内環境を整えたいならカリカリがいい」と聞いてのことだったが、本猫自身も好きで、いい音をさせてよく食べていた。「一番弱そうだった」という〝ふれこみ〟で来た仔猫だったが、大病をすることはなかった。年齢や体調に合わせて銘柄をセレクトしてはいたが、今思えば、寝ている時間が増えたり、食欲が衰えてきたときに「年だから仕方ないのかな」と思わずに、食餌内容を手作りの柔らかいものにするなど細かく対応していたら、もっと長く元気でいてくれたかもしれない。

腎臓が悪くなり、晩年は通院していたミーシャは、だんだんに体力も落ちて、多機能不全のような状態になった。

「もう、においがするようになったんですよね。内臓が弱っているんだな、機能していないんだな、ってわかるようなにおいで」

そしてある真夜中、突然に痙攣を起こし倒れたミーシャ。優子さんが、あわてて、真夜中に往診してくれる獣医をネットで探し、来てもらった。

「その先生、すごいんですよ、バッグの中には酸素からエコーから何でも入っていて」

で、とりあえず落ちつけてもらって、ふう。その先生から病状の説明を受けていたとき、「酸素室を使ったらどうですか」と提案された。

考えたこともなかったが「今はレンタルがあり、注文したら翌日には届く」らしい。

何より「猫が苦しまないで死ねる」のだと。もう死期が近いことも受け入れた優子さん。あとは、在宅でできることをやってやりたい。猫用の酸素室を使うことにした。

リビングの一画に酸素室をセット。マスクもついている。「これを顔にかぶせるの？」と躊躇していたら、ミーシャ自らマスクを手で引き寄せた。本能？「そそ！酸素が吸いたかったのよー」と思ったかどうかわからないけれど、どうやら欲していたらしい。それからミーシャは酸素室の中で暮らした。痙攣の間隔も短くなっていた。

いよいよ、という日。覚悟をして仕事に出たが、4時間後に帰宅して名前を呼ぶとミーシャはそっと目を開けた。「猫は、見えなくなったり聞こえなくなったりしても、肉球の感触だけはわかる」と本で読んでいたので、酸素室の中にいるミーシャの手を取って、肉球を押したり、肉球と肉球の間をマッサージしたりした。すると、息も絶え絶え、意識もあるのかよくわからないミーシャがしっかりと指を握り返してくれた。そうして、しばらく肉球で会話した。

ミーシャも落ちついているように見えたので、「たばこでも吸おうかな」、そう思い、喫煙の定位置であるキッチンの換気扇の下でたばこに火をつけた。そして、一服して振り返って見ると、ミーシャの息は止まっていた。

「〝ずっと見られていたら、死ねないじゃん〟って思ってたんですね、きっと」

酸素室のおかげで、苦しまずに逝かせることができた。「あまりに苦しそうなら」と処方してもらっていたモルヒネ（の座薬）は使わなかったので、ミーシャは意識を持って自然死に近いかたちで逝った。しかし「酸素室に入れたことで、旅立ちを遅らせてしまったのではないか。引き止めてしまったかもしれない」とも思える。ミーシャはどう感じていたのか……。

「余計なことをやってしまったかなと、反省もあります」

ミーシャを看取り、その1年後にハービーが亡くなった。もともと甲状腺機能障害があったハービー、口内環境も悪化し、亡くなる半年前に抜歯をすることになったりもしたが、ハービーはさらりと旅立った。在宅で看護をしていたが、苦しそうだったので「やっぱり、酸素室に頼るしかないか」と注文し、その数時間後のことだった。

「あとから来たから〝1匹ぼっち〟の経験がないんですよ」

2匹がいなくなり、優子さんは末っ子のキューブリックを心配した。すぐ帰って来ると思っていたハービー兄さんが、いつになっても戻って来ない。「あれ？　おかしいぞ?」。キューブリックは不安がり、ハービーの姿を捜したり、遠くを見つめてぼ〜っとしたり。

「そんな状態が1ヶ月くらい続き〝あぁ、猫もやっぱりロスになるんだな〟と思いました」

20年かけて、優子さんは、「(人間との共通点がたくさんあるけれど)猫は猫なんだ」ということを理解した。本当の意味で知るのに時間がかかった。アンチノール、デンタルバイオ、カリナール、コンボ……、サプリメントの勉強もし、水素水もテリントンTタッチも試した。20年の間に、先代の猫たちを通して学んだことをキューブリックにはできている。腎臓の状態をよく保つには、口内環境を悪化させないためには……。現在20歳超えのキューブリックは、おかげで今も健やかだ。森基家の長寿記録も更新しそう。

おもしろかったことを思い出して笑いたい

モンタ 19歳・オス（ビーグル）

「そういえば、私の古くからの友人が飼っていた犬がすごく長生きしたんですよ。ビーグルだったかなぁ……」

一緒に行ったライブの帰り、ごはんを食べているときに作家の山田マチさんが言った。私が「長生きしたペットの飼い主さんの取材を続けている」と話したときのこと。「ちょっと聞いてみますね」とその場でLINEで確認してくれて、「あ、19歳の大往生だったそうですよ」。なんと耳寄りな情報。「ぜひ紹介してください」とお願いしたら、さっそく、連絡先を教えてくれた。山田さんの古くからの友人とは愛知出身の漫画家でイラストレーターの福島モンタさん。そのご長寿愛犬の名前をペンネームとしている。

福島さんとお会いしたのは11月1日、犬の日。モンタさんが探してくれた、昭和感満載のおっとりした喫茶店でお話を伺った。現在は結婚し、夫婦と猫2匹の生活。モンタの思い出を引きずって、犬を飼うのはつらいとか、そんな理由で猫と暮らしているのだろうか。聞いてみると、「いえ、そんなことじゃないんです。僕、モンタを迎える前からもともと猫好きなんです。すみません、いい話じゃなくて」。

「引きずるとか、ないですね」。最近も福島さんの姉が愛犬を亡くして、ずいぶんと落ち込んでいるとのこと。姉の子どもたちが心配し、甥っ子から連絡がくるほどだ。ペットロスも気持ちは理解できる。でも「悲しみを引きずって後ろ向きになっているのは、生ききって亡くなったペットに失礼なのではないかと思うんです」。

モンタは19年生きて、すっごく笑えることや楽しかったこと、いい思い出がいっぱいあるのに、「死んでしまった」ということだけをクローズアップして、飼い主が悲しんでばかりいるのは、モンタの本意ではないはずだ。彼らは「そういうの、ちょっと迷惑だ」くらいに感じているのではないか、と。

もちろん、モンタが亡くなったのは最大に悲しい出来事で、寂しいし、泣いた。でも絶望的な気持ちではない。「ありがとう！　お疲れ！　楽しかったね！」と受け止め、一緒に暮らしておもしろかったことを思い出して笑いたい。愛犬の死を自分の生に染み込ませて生きている。今いる猫のフジとアビは、モンタが亡くなる1年くらい前に迎えたので、モンタ亡きあと、やんちゃざかりな猫たちに気を紛らわせてもらって、助かった部分はおおいにあるけれど。

もともとモンタは、姉が「半額セールだったから」とペットショップで衝動買いしてきた犬。福島さんが16歳のときだった。ビーグル犬。たしかにあの頃はビーグル犬に見えた。でもたぶん、他の何かがミックスされている、と思う。色と模様はビーグルだけど、成長とともに、しっぽが太く大きくなって、体格もがっちり。バランスも少しだけ、変。

「晩年は人間のような顔になってきて〝ビーグルとおじさんのミックス〟って言ってました」

写真を見せてもらったら、本当にそんな雰囲気。

姉の犬なはずなのに、福島さんが散歩をする役目になり、やがて世話全般も任されるようになった。末っ子の定めというか、面倒な役目はすべて上から降りてくる。福島家には父はなく、のちに姉は結婚して家を出た。それから母の再婚が決まり、兄もひとり暮らしをすることに。その結果、実家に福島さん、モンタ、モンタを迎える前からいた飼い猫のてんきが残された。高校を卒業し、大学生になる頃から福島さんと暮らす家族は、犬と猫になった。

家の隣にはアイリッシュセッターのブリーダーが住んでいた。ブリーダーは気のいいおじさんで、犬を見ると放っておけないらしく、庭につないでいることが多かったモンタのことも何かと気にかけてくれ、朝の散歩を担当してくれた。

おじさんは、犬を従える昔ながらのタイプ。ある日、おじさんに引かれてモンタが散歩をしているところを見たら、やけに誇らしげに、堂々と歩いているので驚いた。いつもは猪突猛進、急に走り出しては飼い主を疲労困憊（こんぱい）させる、悪い例の見本のような散歩しかしないのに。

おじさんは、「モンちゃんは、立派な猟犬になる資質がある」と言い出して、陰で秘密の特訓をしていたようだ。無駄吠えをさせないようにと、無駄吠え防止用の、リモコンで電気が流れる首輪を貸してくれたり、獲物への食いつき方を教えようとしたり……。何かにつけて関わろうとするので、モンタとしては「飼い主って、どっち？」という状態だったと思う。

大学生のときも、その後社会人になってからも、遊びやバイトに行く前にいったん帰宅し、2匹の世話をし、モンタを散歩させてから再び出かけることが常。生活のベースに犬や猫がいたので、そうすることがあたりまえ。苦痛を感じたことはなかった。

ご長寿犬（猫）の飼い主からは、本当に身体が丈夫で「病気ひとつしたことがなかった」と聞くことがあるが、モンタはそうでもなかった。いつもは明るくて元気、単純でおもしろくてかわいい犬だったけれど、肺炎にかかったりヘルニアになったり、よく病院のお世話にもなった。

ヘルニアのときは、散歩中に急に倒れ込んで歩けなくなり、10日ほど入院。やっと回復し退院となった病院の帰り道、走る車からモンタはまさかのダイブをした。歩道にいたおじさんが「なんか落ったどー！」と叫んでくれて、危ういところでモンタを救助し、そのまま病院へUターン。

「モンタを後部座席に乗せていて、少しだけ窓を開けていたのですが、まさかダイブするなんてねー。想像もしていませんでした。入院仲間に気に入ったメスでもいたんでしょうかね」

10日間の再入院となった。

いろいろ思い出すと、おもしろくて希有なことばかり。もし、いつかモンタに会って話すことができたら、隣のブリーダーのおじさんの話をたくさんして笑い合いたい。そして「あのとき、走る車から飛び出したのはなんで？」と聞いてみたい。


大学1年の頃からはお笑い芸人として活動をしていた福島さん。当時組んでいたお笑いグループのメンバーが次々と上京をするときに「自分はやっぱり絵の道で食べていきたい」とお笑いの道を断念。大学中退後、地元・名古屋の雑貨メーカーに就職し、雑貨をデザインしながら、東京の大手出版社に漫画の持ち込みをしていたが、出版社で担当してくれる編集者がついたことと、猫のてんきが亡くなったのを機に上京を決めた。

「連載も何も決まっていないのに出て来ちゃいました」

モンタはともに暮らす唯一の家族。もちろん一緒に東京へ。モンタをどこかに預けるとか、そんなことは選択肢にすらなかった。車に荷物とモンタを乗せて、はるばる上京。上京といっても、犬が飼え、サイフと折り合う家賃……、ということで、落ちついたのは埼玉。モンタが11歳のときだった。

モンタはおっちょこちょいな性格もあってか、怪我もした。18歳のときには散歩中、側溝のコンクリートのフタに空いていた穴へ、脚を入れてしまった。なんとか抜いたが、入院をするほどの大怪我に。無事に快復し退院したが、それがきっかけとなり、やがて寝たきりになった。怪我をするまでは、それなりの衰えはあるものの、食欲も散歩も若い頃と変わりないペースで暮らしていたのだから、たいしたものだ。

モンタが亡くなったのは福島さんの結婚式から1週間後のこと。モンタなりに、「あいつもこれで大丈夫だな」と見届けたタイミングだったのだと思う。妻とは、2年間の同棲を経ての結婚。モンタとも一緒に暮らし、モンタは「この子がいれば、安心」とバトンを彼女に渡して逝ったに違いない。

「ということは、僕のことが心配で、気がかりでつい長生きしてしまったのかなぁ……」

19年間、モンタに支えてもらった日々だった。はじめはごはんを食べさせ散歩をして、あれこれ世話をした。完全な上下関係というか、兄弟というよりは親子。自分がモンタを育てたという思いがあったが、立場に少し変化があったのは上京を決めた頃か。引っ越しの車中では、対等の相棒になっていた。期待と不安、心細さを分け合った。そして徐々に、モンタを優先し、モンタに合わせるような暮らし方となった。

福島さんがペンネームを「福島モンタ」にしたのは、もちろん愛犬モンタにあやかって。モンタのように元気で楽しく、長く仕事が続けられるように。はじめは「まったく同じというのもアレかな」と「福島もん太」としていたけれど、モンタが亡くなったときに、名前を受け継ごうと「福島モンタ」と改名した。

このあと、あるＷＥＢサイトの忘年会に出席したときのこと。大きな会場での盛大なパーティで占いコーナーがあった。なにげなく観てもらったところ、占い師にほめられた。

「この名前、すばらしいです！」

天運も人気運もあり、何ごとも成就する「画数のいいお手本」のような名前だそうだ。どうやら、モンタは死んでからも支えてくれているらしい。まぁ、自分が付けた名前ではあるけれど。

合わせるのでなく、合わせてもらうのでもなく

美香 19歳・メス
省 17歳・オス（ともに雑種猫）

「長生きさせる秘訣？　んー、特別なことを何もしないことかな」

そう言って静かに笑う山本ひろみさん。ひろみさんはイベントディレクター。現在は、都内にある公共のホールでコンサートやイベントの企画をしている。彼女とは、私が所属する動物愛護を啓蒙する団体のイベントで知り合った。ボランティアとして来てくれて、写真展の設営などを手伝ってくれた。少し話をして、彼女が猫好きだということを知った。そういえば、そのとき「長寿だった愛猫を少し前に亡くして……」と言っていたような気がする。

ひろみさんの愛猫は美香（三毛猫）と省（洋猫ミックス）。２０１０年に省ちゃんを17歳で、２０１１年に美香さんを19歳で亡くした。あの頃のことを思い出すと、今もひろみさんの目に涙が浮かぶ。ひとり暮らしの部屋にトイレも１匹にひとつずつと思って２つ置いていたし、ごはん用と水飲み用のボウルも２つ。２匹がいなくなったあとに片付けたら、なんだか部屋ががら～んとした。

「あんたたち、案外場所をとっていたんだねぇ、と、気づいたら、姿のない猫たちに話しかけていました」

今もときどき、美香さんの夢を見るひろみさん。目が覚めてもまだ部屋にいるような気がして姿を捜し、「あぁ、やっぱりもういないんだな」と我に返る。

美香さんはしっかりしていていつも冷静で、よくおしゃべりをする。ひろみさんの帰宅が遅くなると「まったくもう、こんな時間までどこに行ってたのよー」と、彼女のあとをついて歩いては小言を言っていた。省ちゃんはやんちゃで単純な、永遠の弟キャラ。小さないたずらをしては笑わせてくれた。

美香さんは、ひろみさんが岡山・倉敷に住んでいたとき、隣町の知り合いのＡさんの家で生まれた。とはいえ、飼い猫が産んだのではない。ある日、床下から仔猫のか細い声が聞こえてきたというA家には、先住の老猫が3匹。日に日に声が小さくなっていく猫が気にかかり、A家のおばさんが「えいっ」と畳をあげ、床を抜いて、仔猫を助けた。

どこかの野良猫が床下に入り込んで出産。3匹生まれたようだったが、母猫は1匹だけ置いて姿を消した。救出された仔猫は、おばさんの手のひらにも余る小ささ。ノミだらけで瀕死……。

A家では野良猫を保護しては育て、里子に出したりしていたので、ひろみさんもことあるごとに猫の飼育を勧められていた。当時、彼女は学校に勤めていて仕事時間は規則的。その上、たまたま新しい部屋に引っ越したばかり。「環境が整い、いいタイミングかも」と、仔猫を引き取ることにした。その仔猫が美香さんだ。以後、19年も一緒に暮らすようになるとは考えもしなかった。

仔猫を引き取るため、休日にA家まで車で迎えに行った。猫とは、そのときが初対面。

「なんだか、ものわかりがいいというか、最初から私になつき、家に連れて帰った最初の日でさえ、夜鳴きもしなかった。仔猫と暮らすのははじめてなのに、〝困ったなぁ〟ということがひとつも起こらなかった」

多少手こずることも覚悟していたが、ひとりと1匹は、案外すんなりと馴染んだ。壁で爪研ぎをしようとしたから、「あ、それはだめよ。やめてね」と言ったらやめてくれた美香さん。なんと聞き分けのよい子なの。相性がよかったということなのだろうか。それだけでもないような気もするけれど。

それから2年後、お世話になっていた獣医師から、「昼間、留守番をさせていることを考えたら1匹よりも2匹のほうが絶対いいから、もう1匹どう？」、そう勧められ、当時、動物病院で保護されていた生後6ヶ月ほどの猫を引き取ることに。それが省ちゃんだ。

省ちゃんがトライアルでひろみさんの家にやって来たときに、「どうかしら、この子。もし、あなたが嫌だったら返してもいいことになっているから、無理はしないでいいからね」そう美香さんに言い、しばらく様子を見ることにした。遊びたいさかりのやんちゃな猫を、少々迷惑そうにしながらも「まぁ、いいんじゃないかしら」という素振りで彼女は受け入れた。

それからずっと3人暮らし。引っ越しも3回（そのうち1回は倉敷から東京という遠距離）。

「猫は家に付く、とも言うから、さぞ大変だったのでは？」と想像されるけれど、美香さんも省ちゃんも、新しい環境にすんなり馴染んだ。ひろみさんの的確な気配りが、2匹を安心させていたようだ。現在は、東京の武蔵野に暮らす。ここでの生活ももう20年が過ぎた。

省ちゃんは、オス特有の尿路結石になったり、晩年は腎臓を患ったりしたものの、猫たちには、ひろみさんを悩ませるような悪癖もない。誰かが脱走したとか、家具を壊したとか、そんな大事件はひとつもなく、食餌にこだわったこともなく、そのときどきに買ったり貰ったりしたドライフードを食べさせた。スペシャルおやつなどもあったかなかったか……。

2匹にとって、大好きな場所はひろみさんの膝の上。美香さんがひろみさんの膝でうたた寝し、目を覚まして膝から下りると、すぐに省ちゃんが乗ってくる。だが争奪戦になることはなく、お互いに譲り合うことを知っていた。昼間は近すぎず遠すぎずの距離にいて、夜にはひろみさんと3人、ロフトのベッドでくっついて寝る。

精神的に自立したおとな同士が暗黙のルールを守り、無理もせず我慢もせずに、おだやかに淡々とときを重ねた。

美香さんはワクチンの接種と健康状態を診察してもらうために、年に1〜2回動物病院に行く程度。丈夫だったし、老化は本当に少しずつゆるやかに、という感じで、あまり気づかないくらい。「急に老けてショック」なんていうことはなかった。

「若い頃は棚の上のほうにいることが多かったけれど、そういえば、最近高いところに上ってるのを見ていないなと、あるとき気づく、みたいな」

いつの頃からか、美香さんは「上れるけれど下りるのはしんどい」と感じていたらしい。14歳か15歳の頃から、あまり遊ばなくなって、眠っていることが多くなったり、同じ場所でじーっと窓の外を眺めていたりなど、動かないでいる時間がだんだん長くなってきて、〝あぁ、これが年を取ったということか〟と実感した。

「人もそうかもしれないけれど、猫も年齢とともに、欲がなくなってくるものかな、と思います」

省ちゃんも美香さんも、若いときはごはんの催促をしたり、遊んでー、と甘えてきたりしたけれど、次第にそんなこともなくなり、心に波打つことがない、海でいうと落ちついた日々だった。

〝凪(なぎ)〟の状態。省ちゃんが亡くなるまでの数ヶ月間は看病もしたけれど、精神的には落ちついた日々だった。

省ちゃんの最期は、ひろみさんと美香さんで見送った。省ちゃんが息を引き取るまでに、美香さんは、省ちゃんを注意深く見守り、亡くなるとすぐその場を離れた。

「省ちゃんの死を瞬時に受け入れていた美香さんを見て、猫ってすごいなぁと思いました。人は、誰かが亡くなって受け入れるまでに、たくさんの儀式や時間がいるのに」

ひろみさんが印象に残っているエピソードのひとつ。

省ちゃん亡きあと、美香さんはひとりで留守番。２０１１年の３月。東日本大震災が起こった日もそうだった。その夜は、都内の交通網が麻痺し、帰宅できなかったひろみさん。翌日なんとか帰ると、部屋の中は棚から飛び出した本やＣＤ、ＤＶＤでぐしゃぐしゃ。美香さんはベッドの中で震えていた。「ごめんごめん、心細かったよね」と抱いて、お互いの無事を喜んだ。その頃から徐々に弱り、季節が秋から冬に変わる頃、美香さんはひろみさんの腕の中で静かに息を引き取った。

「健康状態を安定させるために点滴をしたりしていたけれど、病名が付くようなことではなく、しいて言うなら老衰ですね」

　そう振り返る。

「本当に、ゆっくりだけど確実に弱って小さくなっていく美香さんを見ていて、亡くなる半年くらい前から、これから起こるであろうことを受け入れる準備を無意識にしていきました」

　美香さんの身体が弱っていくのと同じ速度で、ひろみさんの中に看取る覚悟が育った。

　亡くなったあとは、ものすごく寂しくて喪失感もあったが、不思議と気持ちは落ちついていた。

「年齢も年齢だから、というのが納得できた大きな理由かな。ちゃんと看取ることができたので、よかったと思っています。〝19年生きたから満足〟というわけではないけれど」

　ひろみさんの冷静でおだやかな性格が、猫たちに安心を与え、決めたことを淡々と続けるように暮らす彼女を猫たちは信頼した。2匹がいなくなり、何年経っても寂しいが「また次の猫」という気持ちにはなかなかなれず、「人生の中の20年近くをともに過ごしたという重みを実感しています」。それでもやっと最近「どこかに困っている子がいたら、引き取ってもいいかな」と思えるようになった。

しかし、今は仕事が忙しいので仔猫を育てている余裕はなく、「ちゃんとお留守番ができる大人の猫がいたら」と考えている。ひろみさんの性格や生活は猫がいてもいなくても変わらない。相手に合わせるのではなく、合わせてもらうのでもなく、お互いを尊重し合える関係でいたい。その相手が人でもどうぶつでも同じことなのだ。

ひろみさんは、澄んだ眼差しで猫たちを見つめ、猫たちもまたひろみさんを信じ愛した。特別なことは何もないゆるやかな日々の中に、ひとりと2匹の暮らし、美香さんと省ちゃんの生と死があった。

その日まで、自分のペースで過ごして

さくら　17歳・メス
まる　19歳・メス（ともに雑種犬）

海辺の町で、17歳のジャックラッセルテリア・ニコと暮らす大西麻子さん。ニコは、麻子さんが都内でひとり暮らしをしているとき「事情で飼えなくなった」という知人から引き取った。当時、5歳。

繊細で小心者ゆえ、人にも犬にも攻撃的になりがちだったニコは、8歳を過ぎた頃に、心臓に異常があると獣医から診断を受けた。そこで麻子さんは「できるだけおだやかに過ごさせたい」と、専門家についてしつけをやり直すことにした。特に散歩のさせ方などに時間をかけて。「成犬になってからのしつけは難しいのでは？」という周囲の心配をヨソに麻子さんとニコはがんばり、今ではすっかりおだやかなニコおばあちゃんとなった。きちんとしつけをしたことで、ニコは精神的に落ちつき、吠えて騒ぐこともなくなり、心臓への負担も軽減。そのことが健康の安定にも大きく影響しているという。

麻子さんは幼い頃から犬とともに育った。実家の歴代の犬たちは、3匹揃って長生き。彼女が5歳のときにやって来た初代飼い犬・クッキーは享年18歳、その後引き取った野良犬のさくらは17歳、さくらの子・まるも19歳まで生きた。「揃って」ということは、大西家と犬との暮らしに何か秘訣があるのかもしれない。

料理家の麻子さんのアトリエは、住宅街の奥まったところにあり、ほどよく光が差し込む静かな場所。ときどきカフェになったり料理教室になったりもする。彼女は私にお茶を淹れてくれて、イベントに出品する焼き菓子をひとつひとつ袋に詰める作業をしながら、ゆっくりと話をしてくれた。

「最初の飼い犬はクッキー。トイマンチェスターテリアという犬種のオス。父の姉である伯母の口利きでね」

当時は、珍しい犬種で血統書付き。犬種とか血統書とか、家族はもともと興味がなかったけれど、伯母さんに勧められて飼うことになった。クッキーは、麻子さんより3歳上の兄と相性がよく、〝男の子同士〟とても仲がよかった。

「クッキーには馬鹿にされてたの。末っ子の私を完全に下に見ていて」

次の飼い犬となったさくらは、家の近所を放浪していた犬だった。「最近、黄色い犬が歩いているよね」と家族で気にしているうちに、「あの子、最近見かけなくなったね」となって、それからしばらくしたら「3軒先のお宅の物置で子どもを産んだ」と噂に聞いた。しかし、その家の人が、面倒を見られないというので、麻子さんの母が、産後の母犬と生後1週間の仔犬4匹をまとめて家に引き取った。麻子さんの母は、大の犬好きというわけでもなかったけれど、正義感が強いというか、こんなときには俄然パワーを発揮し、「なんとかしなくっちゃ！　放っておけない！」。

ちょうど夏休みで麻子さんも家にいた。

「受験生だったから予備校の申し込みもしていたけれど、2日目くらいで行かなくなって。その夏は、母と、ずっとさくらちゃんと仔犬の世話をしていた」

痩せて黄色く見えた母犬は、洗うとベージュがかった柴犬系の雑種。獣医さんの見立てでは2歳未満。「2歳の成犬には貰い手もつかないだろう」と大西家の犬にすることに決め、仔犬たちには引き取り先を見つけた。大西家3番目の犬となる、まるにも里親が決まっていたが、最後まで残っていたこともあり手放し難くなって、結局、母子2匹を迎えることに。まるは成長とともに姿を変え、母とはまったく異なるシェルティのような風貌の犬になった。

先住のクッキーは10歳を超え、落ちついた年頃になっていたことが功を奏したか、さくらとまるに最初から興味を示さなかった。見た目も大きさもまったく違う3匹は、いがみ合うこともなく、特別仲よくするでもない、ただの同居犬同士の平たい関係。「犬は群れを作る」のは定説だが、大西家ではそうでもなかった。毎日の散歩は、揃って海へ1時間ほど。家が山の上にあるので、犬も人も坂道を下りたり上ったり。

天気のよい日曜日には、3匹を連れて山の中へ長い散歩に出た。今では考えられないけれど、3匹はリードから放たれ、思い思いに走った。当時は、まだそんなのどかな時代だったのだ。

「近所の人も同じようにしていたし、犬たちも呼べば戻って来て、何のトラブルもないし、それがあたりまえと思ってたよね」と麻子さん。自然の中で、犬も人も深呼吸をして光を浴び、緑や花を愛で、よいひとときを過ごした。

「散歩で、脚腰を鍛えたことが長生きにつながったのかもしれないけれど、それよりも思いっきり走ったりすることのほうが、ストレス発散になってよかったのかも」

犬の健康管理やしつけについて、特別なことをしたことは一度もなかったが、犬たちにストレスがかからないような暮らし方をする、というルールが大西家にはあった。専門家に任せることまではしなかったが、呼んだら来る、留守番ができるようにするとか、「人の暮らしを乱さないための基本的なしつけをする」ことが、結局は犬にとってもストレスがかからない暮らし方となる。

家族でどこかに出かけても、「犬がいるから夕方には帰らなくちゃ」とか、旅行も、「犬を預かってくれる人が見つからなければ行けない」はあたりまえ。親にそう言われれば、子どもたちも「仕方がないな」と納得。母に「犬たちを散歩させてきて」と頼まれたら、行くのは当然だった。みんなが、犬がいるということを前提に暮らして、それぞれに気にかけ、面倒をよく見た家族だったのだ。

「なるほど」。私には思い当たることがあった。麻子さんと私は長年の友人で、毎年、夏に音楽フェスに行くのを楽しみにしているのだけれど、昨年は麻子さんから「今回は無理かも」と連絡があった。理由は「フェスの日、父が出張になってしまって、ニコがひとりになってしまうから」。２泊で行くのが通例で、それは大変だとあれこれ画策したけれど、よい方法は見つからず、結局私たちはフェスに行くのを中止した（私ひとりで行ってもつまらないし……）。

16歳で心臓の心配もあるニコを、慣れないペットホテルに預けるのには抵抗があった。見てもらえる人も周囲にはいなかったから仕方がない。

「犬を飼っている以上、飼い主には、その犬の健康と幸せを守る責任がある。人の都合で犬に無理はさせない。犬に安心して毎日を過ごしてもらうためには、ときには飼い主も我慢しなくちゃ」

彼女のそんな姿勢は、クッキーやさくらやまると暮らしていた頃、親から受け継いだことらしい。

「もう、ほんとに〝そんな時代でした〟って感じだけれども」と苦笑しながら、麻子さんの話は続く。

「うちでは、犬も人もほぼ同じものを食べていたの。たとえば、夕食がカレーだったら、犬にはちょっと冷まして味を薄めにして、とか。今ではタブーとされる玉ねぎも、たぶん食べていたよね、カレーだから。クッキーは偏食だったから、最晩年は赤いウインナーばかり食べてた。それでも長生きしたのは、運がよかっただけなのかもしれない」

「クッキーの最期はさ、家族の誰も看取ってないんだよ……」

麻子さんがぽつりと言った。その日は夏で、彼女の兄が留学のためにパリへ出発する日だったそうだ。長男が長期留学に出るというのに、麻子さんと母は台湾へ旅行中。父は出勤のため早朝に家を出た（そのへんのクールさが大西家らしくて味わい深いところ）。

たぶん「いい子で元気にしてるんだよ」なんて、兄は愛情たっぷりに言葉をかけて、クッキーもまたそれに応え、ふたりは、互いの無事を祈り、別れを惜しんだことだろう。麻子さんの兄は、クッキーと、さくらとまる、3匹の犬に見送られて家を出た。

そしてその日の夜、父が帰宅してみると、クッキーは庭先の軒下で亡くなっていたそうだ。

「大好きなお兄さんの旅立ちを見届けて、か。魂は一緒にパリに行ったのかな」、私が言うと、麻子さんも「ね。そうかも。そのときも家族でそんな話をしたよ。クッキーが死んだこと、お兄ちゃんには言えなくて、伝えたのはずいぶんあとになってからだったよ」。

それから月日は過ぎて、さくらが17歳で、まるは、あと3ヶ月で20歳というところまで生きて亡くなった。2匹とも加齢による衰弱はあったものの、亡くなるその日まで、病院通いも介護を受けることもなく、ほぼいつも通りの自分のペースで過ごして自然にひっそりと死を迎えた。そして、まるが逝った1ヶ月後に、麻子さんのお母さんも急逝。麻子さんは30代半ばにして母と3匹の犬と、はじめて自分で飼った猫の月子を見送った。

「ニコが15歳を過ぎた頃から、なんとなくの覚悟というか、心の準備をしているよ。母や、犬や猫たちの死を見てきて感じるのは、命あるものが死への坂を下りはじめたら、その速さたるや！　ということ。だから〝絶対〟はないし、いつも心のどこかで無意識に意識している」と麻子さん。そして「いろいろ強気なことを言っているけど、いざ、ニコが亡くなったら、しばらくは何も手につかないくらい悲しいし、もう一生立ち直れない、ってくらいつらくて沈み込むと思う。けど、まぁ、そこからもいつかは立ち直れるということを、知っているので」。

アトリエには麻子さんの横で眠っているニコの寝息が、すー、すー、すー。焼き菓子の梱包作業も一段落。

今や、ペットとの暮らし方も変化し、医療が進歩してどうぶつたちの平均寿命も延びている。「人もどうぶつもなかなか死ねない」などという言葉も聞くけれど、愛犬には苦しまずにおだやかに、そのときが来たら上手く逝けますようにと願う。

「死は、ネガティブなことばかりでもない」とも思う。私の母が67歳でアルツハイマーとなり、その5年後に亡くなったとき、私は「おかあさん、死ねてよかったね」と思った。もちろん、本当はどんな状態でも生きていてほしかったけれど、「よかったね、お疲れさま」もまた正直な気持ちだった。人もどうぶつも、闘病で痛くてつらくて苦しくて、よれよれで大変でいても、そのときが来ると案外キリッと死んでいく。ときを経れば、見送ることができたのもよかったことのひとつと思える。

生と死は地続き。生きてきた一部に死がある

黄金（こがね）　19歳・メス（雑種猫）

「あらためてお話しするようなこと、あるかなぁ……。ほったらかしで19歳まで生きて、ある日ぽっくり亡くなった猫なんです。それでもよければ、お茶を飲みにいらっしゃるついで、くらいの軽い気持ちでどうぞ」

そう言って、自宅に招いてくれたのは、赤井由絵さん。トイピアノの演奏家。トイミュージックのプロデューサーでもあり自らレーベルを主宰している。

以前は東京・世田谷区に住んでいたが、２０１１年の東日本大震災を機に、沖縄・恩納村（おんなそん）に移住。現在は、渋谷区神宮前に仕事の拠点を持ち、恩納村と神宮前の２ヶ所を行き来しながらの生活。

沖縄では、地域猫を保護しながらゲストハウスを営んでいる。たまたま野良猫が多い地区に居を構えたので、捕まえられる猫は捕まえ、不妊去勢手術をしてリリース。いわゆるTNR（Trap, Neuter, Return）を行い、家で飼えそうな猫は引き取った。庭にごはんを食べに通ってくる猫もいて、沖縄で面倒を見ている猫は、現在33匹。

赤井さんとは動物愛護の活動を通じて知り合った。そのとき、彼女はすでに沖縄で暮らしていて、仕事のために月に何度か上京していた。会うたびに「また猫が増えた〜」という話を聞いていたので、根っからの猫好きなのだと思っていたけど、「もともとは犬派だったんですよ」。なんだか意外。

転勤族の家庭で育った赤井さん。物心ついた頃からどうぶつが好きでたまらなかった。犬や猫はもちろん、鳥でも昆虫でもなんでも大好き。「犬を飼ってほしい」、そう両親に懇願するたびに「うちは転勤があるから」と言われ続けたけれど、「生きものと暮らしたい」という気持ちは抑えきれなかった。飼えるのはせいぜいザリガニやカメ。自分の部屋にはザリガニ団地よろしく水槽を20個くらいずらりと並べた。カメを冬眠させる方法が難しく、それが悩みの種だった。

本当は犬と暮らしたかったので、その気持ちは近所の野良犬たちを世話することで満たした。当時はまだどこにでも野良犬がふらふらしてた時代。

「中学と高校のときは、毎日、母がお弁当を作ってくれていましたけど、自分では食べたことはなかったんです。学校へ行く途中で犬にあげていたので」

さらりと言うけれど、これはなかなかのエピソード。中学生のとき、校庭で全校集会をしていたある朝、どこからか野良犬がやって来て、犬たちが何匹も赤井さんを目がけて集まって来たことがあった。

「毎日、餌付けをしていたようなものですから、そりゃあ集まって来ますよね。すごく恥ずかしかった思い出です」

高校生のときには住んでいた家の近くにペットショップがあり、毎日のように通った。そこではじめて出会ったのはプレーリードッグ。

「指先で撫でてやると喜んで、もっと撫でてと催促するので、毎日何時間も撫でていましたね」

そして、大学生になったときに、ひとり暮らしをして、そこではじめて自分のペットを迎えた。バイトで貯めた3万円で買ったプレーリードッグ……。

さて、そろそろ猫の話。19歳まで生きた猫は、もともと夫と暮らしていた。恵比寿駅の近くにある焼き鳥屋の猫が産んだ子で、店主が常連の猫好きに1匹ずつ譲渡。なんとなくあてがわれる感じで渡されたメスの三毛猫。夫はもともと猫好きで、青森の実家では、金ちゃんと銀ちゃんという2匹の猫を飼っていた。銅ちゃんというリスもいたので「金、銀、銅。その次は、黄金かな」と、焼き鳥屋から来た仔猫に、黄金と名付けた。

「黄金と暮らしはじめた頃、夫とはまだ友だちの関係で、仔猫が来た、というので見に行ったりしましたね。その後1年ちょっとしてから結婚して同居するようになりました。夫は黄金を連れて、私は最初のペット、プレーリードッグのポン太郎を連れての結婚でした」

結婚して一緒に暮らすようになる前、貰われて来たばかりの黄金に会ったとき、赤井さんはピンとこなかった。

「なんというか、かわいいっていう感情が湧かなかったんですよねぇ。仔猫って、どんな子だってかわいいものでしょう？　なのに黄金ちゃんは、どこか醒めていて、変わり者っぽい感じ。気性の激しさも滲ませていました」

　リボンを振り回したり、おもちゃを追いかけて転がったりするようなことをしていても、人を萌えさせるような仕草はなく、「守ってあげなくちゃ」と思わせる雰囲気もゼロ、そんな不思議な仔猫だった。

　一方で、同居のポン太郎をいじめるような意地の悪さはなく、2匹はけっこう仲よくやっていた。数年後に引き取った猫・ニッケル（茶トラ・オス）とアルミ（キジトラ・メス）のことも受け入れ、赤井夫妻に息子が生まれてからも、黄金は何の問題も起こさなかった。

　ニッケルは行方不明になり探偵を雇って大捜索したことがあったし、あれこれ病気をしては医者通いもしょっちゅう。アルミと2匹でマンションの上の階まで遊びに行ったりもしていたけれど、黄金は病気もせず、事件も起こさず、冒険もしない。そういえば、一度だけベランダから落ちたことがあったけど、落ちたその場所の近くに固まっていたので、すぐに保護。とにかく手のかからない猫だった。

　しかし黄金は気がめっぽう強く、お客さんに爪を立てたり猫パンチを繰り出しては被害者を続出させ、それは伝説に。遊びに来たゴールデンレトリーバーが、黄金のごはん用のボウルに鼻を近づけたとたん、走って来て飛びかかりパンチ、流血騒ぎになったことも。

「あんなに大きな犬にも怯まないことに驚きました。さすが黄金ちゃんです」

東京から沖縄に移住するときも、すんなりと生活に馴染んだ黄金。沖縄では、見知らぬ猫が次々に家猫として迎えられる激動の暮らしとなったが、動じず、最古参の「一匹狼」として君臨。君臨といっても威張ることもなくいじめもしない。孤高の存在、強気の偏屈、完全なる個人主義猫。

「晩年は、さすがにお客さんに爪を立てることはなくなりましたが、家族になつくこともありませんでした。こちらはあいさつをしたり愛情は伝えていましたが、甘えられたことは一度もなかったです。もちろん意地悪をされたこともありません」

やっぱり不思議な猫。赤井さんは言う。

「現在、33匹の猫を面倒見ていますけど、黄金はその中のどの子にも似ていないです。猫って、本当に性格もそれぞれで、まったく同じ猫なんていないんですけど、黄金は、それよりももっと変わった、めったにいない特別な猫だと思います」

黄金が唯一心を許していたのは赤井さんの夫。何かをせがんだり、ゴロゴロニャ〜ンと甘えたりするようなことは一切ないが、夫が出かけると、2時間でも3時間でも玄関から離れずに待ち続けていた。

「晩年はずーっと鳴きながら待っていました。ニャーニャーって、半日でも玄関でドアを見ながら鳴き続けて待つんです」

それで、帰ってきて喜ぶかというと、そこはそうでもないのが黄金。夫に出かけられると不安だったのか。それとも夫のことが心配だったのか。それが唯一、愛情の表し方だった。

病院にも行ったことがなかったけれど、晩年は、歯が悪くなったり口内炎ができたりして通院。病院でももちろん強気を貫くので、治療は最低限。その頃から、痛みにより食べられなかったこともあり、なんとなく痩せてきた。寝たきりではなかったが、丸くなって昏々と眠っていることが多くなった。

東京から一緒に沖縄に来たニッケルとアルミはすでに亡くなっていたが、家の中には沖縄の猫たちがあちらこちらに。猫は猫なりに空気を読むのか、黄金の昼寝を邪魔する猫はなく、平和といえば平和な、静かな余生。

「黄金が死んだよ」

東京にいた赤井さんに、夫から電話があった。自分のベッドの中で、まあるくなって、いつも寝ているのと同じ姿で亡くなっていたそうだ。苦しんだ様子もなく、たぶん眠っているうちに亡くなった。「もしかしたら、もうそろそろかも」。覚悟はできていた。黄金の死は悲しいし、寂しいことだったけど、赤井さんはこれまでに何匹も猫を見送ってきたので、すごく落ち込むということはなかった。

何匹も猫の生死を見ていると、生きることと死ぬことの境界線が薄くなるというか。「生と死は地続き。生きてきた一部に死がある」と思うようになった。黄金の場合は、「このように生きて死んでいくのが、運命として決まっていたのか、自分で決めたのか」と思えるほど、自然な逝き方。大往生。自己責任で生きて、見事な自己完結。

ありのままに生きていたら自然に死ねる、生き抜ける。だから死ぬことを恐れる必要はない。そう教えてくれた黄金。猫も納得して身体から魂を抜くのだろうか。

「食べたい」は「生きたい」

クローバー　19歳・オス（ミニチュアダックスフント）

22年前。生後4ヶ月のミニチュアダックスフントがやって来た。運のいい犬になってほしくて「クローバー」と名前を付けた。クローバーを迎えるにあたっては、犬種のこと、ブリーディング、育て方など、ずいぶん調べた。それは、以前に悲しい出来事があったから……。

友人の紹介でお会いした奥村直子さん。友人の元同僚で、犬を通しての付き合いもあり、ずいぶん長い交友だそうだ。

大阪で生まれ、その後、長崎へ。大阪では犬、長崎では猫を飼っていた。直子さんは、どうぶつが身近にいる環境で育った。親元を離れ、東京でひとり暮らしをするようになっても、「いつかまた、どうぶつと暮らしたい。自分で飼うとしたら、犬。かなぁ……」、そう思ってタイミングを待っていた。20代後半、「今なら飼える」と、迎えたのはミニチュアダックスフント。偶然、六本木の有名ペットショップを通りかかったときに見つけ、かわいらしさにひと目惚れ。「この子と暮らしたい！」、そう思い、1週間悩んだ末に飼う（買う）ことを決めた。

家に来て3日目。具合が悪そうな様子に気づき、ペットショップ経由で動物病院を受診したところ、「パルボウイルスに感染していて、対処しようがない状態」との診断を受けた。生後2ヶ月ほどの小さな身体に抵抗力はなく、家に迎えて7日目に死んでしまった。そのことに対して、ペットショップの説明や対応に納得がいかず、じくじたる思いが残った。小さな命を死なせてしまった悲しみ、助けられなかったことの腑甲斐なさ。責めるつもりはないが、ペットショップの不誠実さ……。傷つき、ずいぶん長い間落ち込んだ。

それでもやっぱり犬と暮らしたい。思いは消えず、「今度は、しっかりとした環境で生まれて育った丈夫な犬を迎えたい」、そう心に決めて、ネットでリサーチ。自分なりに調べ分析した結果、ペットショップから迎えることに躊躇した。亡くなってしまったあの子は生後まだ幼いうちに母犬から離されてしまっていた。そのために母乳が飲めず、免疫力がなく、パルボウイルスに感染してしまった。仔犬は生後4ヶ月くらいまでは母犬と暮らしているのが望ましい。そこで、よい環境で健康状態のよい母犬から生まれた元気な仔犬を探した。

仔犬を仲介してくれる人に事情を伝えたところ、生後4ヶ月まで母犬と一緒に育ててくれるブリーダーを鹿児島で見つけてくれた。何枚か見せてもらった写真の中で、ピンときた仔犬を迎えることにした。丈夫そうなオス。

なぜまたミニチュアダックスフントかといえば、思い当たるのは幼少の頃のこと。祖父が買ってくれたダックスフントのぬいぐるみが大好きだった。おなかにファスナーがあって、開けると中に仔犬が3匹入っているもので、毎日一緒に遊んでいた。その記憶が潜在的に刻まれているのかもしれない。

仔犬は飛行機でやって来た。羽田空港で仲介人が迎え、直子さんの家に届けてくれた。その犬がクローバー。はじめて会ったとき、小熊のようにまんまるで驚いた。「この子、ほんとにミニチュアダックスですか？」と聞いてしまったほどコロコロ。前に迎えた子は小さいながらもダックスフントの体型をしていたけれど。

「この差が、健全に育てられたかどうかの違いなんだと思いました。華奢で小さなほうが、ペットショップでは売りやすい。でも、健康状態は……？　ということです」

「四つ葉のクローバーのような、幸運のしるしとなるように」はりきって命名したものの、外で呼ぶのは気恥ずかしくもあり「くろちゃん」「くろすけ」と呼ぶようになった。ミニチュアダックスフント・ロングヘアーの「レッド」（被毛は明るい茶色）、なのに名前は「くろ」でよく笑われた。

当時は、外資系のソフトウェア会社に勤務。くろすけの仔犬時代には昼休みにいったん帰宅し、犬の世話をした。しかし、それも難しくなってきたので上司に相談したところ、犬連れ出勤を許可してくれた。社員が30人ほどの小規模なオフィス、くろすけはそこに放たれて平日を過ごした。もともと「人好きで周囲に愛嬌を振りまく」タイプ。社交性を発揮し、本犬も楽しそうだった。

転職し、次の会社ではさすがに連れて行くのは無理で、しばらくは留守番犬となったが、その後、直子さんが自宅で仕事をするようになってからは、ほとんど一緒に過ごしてきた。

「長生きの秘訣は？」と聞かれても答えに困る。犬それぞれだと思うが、くろすけは寂しがり屋だったので、長時間の留守番をさせることが少ない環境だったことが、よかったのかもしれない。なかなかの知能犯で、悪辣ないたずらも数々。

「人の気を引こうとわざと空咳をすることも。やることに愛嬌があるというか、なかなかおもしろい犬でした」

しつけようと叱っても「僕は悪くないよ！」と言い返す（吠える）ような気の強さもあった。

好奇心旺盛で、食べることも出かけることも大好き、そして、何ごとにも意欲的。意思の強い気丈な犬。「マイナスなことなど思いもしないのだな」と感じさせるポジティブさは直子さんの刺激になり、くろすけから「生きる姿勢」を学んだ。

ミニチュアダックスフントの平均体重は4・8キロだが、くろすけの体重は多いときで8キロ。身体も大きくて頑丈、健康優良犬。7歳と11歳のときに軽度のヘルニアになった以外、動物病院に行くのは注射のときだけ。アレルギーもなく食欲旺盛、ドライフードの銘柄もそれほどこだわらなかった。健康維持のために心がけたことも特になく、結果的に長生きしてくれたのは「本犬が持って生まれた資質」のおかげ。母親から愛情と栄養をたっぷりもらったからだろう。生後、母犬や同胎の兄弟たちとどれだけ一緒に過ごせたかは、とても大切なことだと実感した。仔犬時代のほんの1週間や2週間の違いで、その後の20年近い犬生が大きく変わる。犬の心身の素質は、飼い主や周囲の人間の生活にも大きく関わってくることだ。

16〜17歳になると、歩くのがゆっくりになったり、家でぼんやりするようになったり……。それでも食欲は旺盛で、家の中では自由に歩き回り、機嫌よく日々を過ごしていたが、18歳になってしばらくしたある日、くろすけは鼻の右側から黄色い鼻水を出した。今までにはないことで、あわてて病院に連れていくと、「歯垢、歯石の細菌から歯周病になり、副鼻腔の中に菌が入り炎症となり化膿。膿が出ている」とのこと。くろすけは歯みがきが大嫌いで、なかなか磨かせてくれず、その結果としてこうなった。納得した。

口内の治療をしていた時期に、軽度のヘルニアが再発。以後、健康状態もゆっくり下り坂というか、加齢による変化が目に見えてきた。散歩をしていても「犬を見つけるとけんかを売る、人に会えば愛嬌を振りまく」ような犬だったが、そんな行動も見せなくなってきた。周囲にあまり興味を示さなくなり、表情も以前に比べたら乏しくなった。夜中、家の中を徘徊することもあり、「体調がすぐれないからかな」とも思ったが、副鼻腔炎が完治しても、くろすけの行動はそのまま。

次第に歩くのも大変そうになり、友人から譲り受けた犬用バギーを使いはじめたのもこの頃。歩くことが好きでプライドも高い犬だったので、受け入れ難そうだったが、散歩はバギーに乗せて。はじめはなぜ動いているのかわからなかったようで、くろすけは、バギーの中で一生懸命脚を動かした。家の中では、直子さんお手製の歩行器で動いてはうれしそうにしていた。

副鼻腔炎、ヘルニアの再発と続いたので、念のために血液検査をしたところ、腎臓と肝臓の数値がよくないことが判明。獣医師には「犬によっては、命にも関わるような数値」だと言われた。「なのに、この年齢で、生きる意欲もあり、それなりに過ごしているのはすごいこと」とも。この頃からが本格的な介護のはじまりで、通院するのも月に2回だったのが週に1回になり、週2、週3となり、最期の4～5ヶ月はほぼ毎日……。夜中に急変し、救急センターに駆け込んだことも3回。

認知症のような症状も出てきて、夜中に奇声を上げたり、ずっと鳴き続けたりすることも。ほぼひとりで面倒を見ていたので、くろすけを置いて外出することもできず、夜も眠れず。介護の合間に仕事をするような毎日。友人たちからの誘いも断るしかなく、すっかり疎遠になった。医療費を中心に、月にくろすけにかかる費用は、大人が東京で暮らせるくらいの金額。直子さんは、気持ちの切り替えもできずに精神的に追い込まれ、体調を崩して倒れた。

「この生活がいつまで続くのかな」と考えたり、くろすけがなぜ鳴いているのかを理解できない無力感に苦しんだり。

「過酷な、と言ってもいい日々でした」

獣医師に愚痴をこぼしては、「何言ってるの、人間だって同じようになるんだよ」とたしなめられ、「そっか、そうだよな」と思い直したのも一度や二度ではない。

体力も気力もあるのに、動くことがままならないくろすけは、トイレをしようとしても思うように動けず間に合わなかったり。不本意なことが続き、癇癪（かんしゃく）を起こしては吠え続け、人に咬（か）みつかんばかりの行動をすることも。自分で動けることがどれだけ本人（犬）の尊厳となるのかを実感した。

吠えて、何かを訴え続けるくろすけに、ただ付き合うしかなく、「そっかー、そうねー。つらいねー」と声をかけながら寄り添う、深く長い夜を幾度過ごしただろうか。

午前3時。うとうとしていた直子さんを、吠えて起こしたくろすけ。「おなかが空いた」と訴えた。食べても食べても痩せてしまうので「食べたがるものを何でも食べさせなさい」と獣医師から言われていた。いろいろなものを試したが（くろすけが好きだったのはアジフライ）、そのときはたまご蒸しパンを食べさせた。満足した様子で再び眠ったので、直子さんもほっとして仮眠した。

そして、朝8時頃。直子さんが目を覚ましたら、くろすけは亡くなっていた。そういえば、早朝、鳴き声が聞こえたような気がした。もしかしたら、そのときが旅立ちだったのかもしれない。死因は心臓発作だった。

「心臓の発作がなかったら、もっと生きたでしょう」と獣医師は言った。親子2代続いている動物病院で、歴代第2位のご長寿犬だそうだ。「記録を塗り替えるような気がしていたんですよ」。たしかにまだまだ死なない感じはあった。

「とても近い将来に起こることだと知ってはいましたが、すごく唐突にこの日を迎えてしまった気がしました」

自宅で仕事をしながら、くろすけの介護だけをする日々が約2年間続いたため、くろすけがいなくなってしまったら、何をしたらいいのかわからなくなった。介護に入る前の生活がどんなだったか思い出せない。自分が自分でないような、自分自身がどこかギクシャクしたまま日が過ぎた。

「忙しくもないのに仕事でミスをしたことも。旅行をしたり、時間をかけて少しずつ自分を取り戻しました」

「放り出さないでよかった。最期を看取ることができて本当によかった」

心の底からそう思う。自分ひとりでは到底できることではなく、近くにいて協力してくれた人や、気持ちを支えてくれた友人たち、獣医師のおかげだ。

「もしかしたら、自己満足に付き合わせてしまったのかなぁ、痛いのに生きていたのはさぞつらかっただろうに。つらい時間を長引かせてしまったかなぁ」と思うこともある。くろすけを見送って2年経っても、いまだに思う。でも、旅立つ数時間前にも空腹を訴え、たまご蒸しパンをおいしそうに食べたくろすけ。「食べたい」は「生きたい」でしょう？　そう思うことにした。

「生後4ヶ月でやって来て、やんちゃな少年だったくろすけは、私を振り回すイカれたボーイフレンドとなり、その後は、慈愛に満ちた父や祖父のような立場で寄り添って、思いつく限りの役割を果たして旅立ちました」

くろすけとの暮らしは19年10ヶ月。こんなに長く続けていたことは、息をしていることくらいじゃないかな。これからまたペットを飼うとしたら、その子との20年後、自分はどうなっているだろう。ちゃんとどうぶつの面倒を見られる自分でいるだろうか。いつか、犬や猫を多頭飼いして、にぎやかに暮らすことに憧れてはいるけれど。

猫は生きるためだけに生きている

うらん　20歳・オス（雑種猫）

「モノが多くてびっくりでしょう？　今日はたまたま主人も在宅しています」
そう言って迎えてくれた横山律子さん。ご主人はイラストレーターで造形作家の横山宏（こう）さん。東京・国分寺の静かな住宅地の一軒家。リビングに山脈のごとく積まれた本や資料、壁の棚にはフィギュアや人形がずらり、というか、ぎっちり。壮観。「ニャー」とひと声鳴いて、モノとモノの間から登場したのはもっちー。白黒のハチワレ猫、1歳のオス。夫妻ともっちーは、隣町の「むさしの地域猫の会」の譲渡会で出会った。
2017年のこと。先住猫のうらんを20歳で亡くし悲しんでいた律子さんに、スポーツクラブの仲間が「こんなのがあるみたい」と、教えてくれた保護猫の譲渡会。さっそく夫婦で足を運んだ。もっちーはそこにいた。ひと目見て「わぁ！」と声を上げそうになるくらい、先代のうらんにそっくり。「うらんが早くうちに帰って来たくて、急いで生まれ変わったのかしら」、律子さんはそう思った。

給食センターのネズミ捕りにかかっていた仔猫・もっちー。名前は、とりもちにかかっていたことから団体の人が命名。仔猫ながらよほどつらい体験をしたようで、譲渡会でも「世の中何も信じない」と心を閉ざして周囲を威嚇。あまりの迫力に、もっちーのケージのまわりだけ人だかりがなかった。

「シャー！　シャー！　と言って、あと、パン！　パン！　と変な音まで出して、まったく人間を近づけない感じでした」。律子さんは振り返る。パン！　パン！　は、「空気砲」と呼ばれるもので、「シャー！」と威嚇するよりもさらに恐怖を感じたときに猫が発する音。

あの感じでは、なかなか貰い手もないだろう。夫妻は「もっちーを我が家に迎えたい」と思ったが、慣れてくれるだろうか。咬み癖もあるようだ。不安しかない。とりあえず、預かりさんの家に様子を見に通わせてもらうことにした。3度目のときに差し出したちゅ～るをそっとなめてくれたので、「これならなんとかなるかもしれない」

と、トライアルを決意。手強そうだと想定していたけれど、家に連れて来ると、溶け込むのにあまり時間はかからず、環境にもすっと慣れた。夫婦は安堵し「やっぱり、うらんの生まれ変わりなんじゃない？」。

「ねぇ、猫飼ってみない？　里親を探している仔猫がいるの」

22年前、友人に突然言われた律子さん。夫婦ともどちらかといえば犬派。それまでは考えたこともなかったが、「え？　猫？　猫かぁ……。猫を飼うって、どんな感じかしら……？」。友人の言葉がきっかけとなり興味が湧いた。そして「猫もいいかも！」と、迎えてみることにした。しかし、そのときの猫は別の家に貰われることになり、その数ヶ月後に新たに連れて来られたのが生後2ヶ月になったばかりのうらん。これが縁というものなのだ。たしか、友人が常連だった吉祥寺の飲み屋に通って来ていた猫が子を数匹産んで、そのうちの1匹だとか。「メス」と聞いていたので、鉄腕アトムの妹の名前を付けることにした。

猫とは静かに暮らすものだと思っていたが、うらんは運動能力が高く、活発。背の高い冷蔵庫にもひょいと飛び乗るし、夫妻で「やけにお転婆だなぁ」と話していたら、のちにオスだったことが判明（長毛だったので、判別しにくかったそう。名前は「うらん」のままにした）。うらんは本当に健康で、病気知らず。亡くなる半年くらい前まで病院に連れて行ったのは数えるほど。

うらんが19歳になって数ヶ月した頃、「なんだか痩せてきたかな」と律子さんは気がついた。そういえば以前ほど食欲もないし、うんちも軟便が少し出る程度。「出したいけれど出ない」という感じでトイレの滞在時間も長いような……。そこで動物病院で調べてもらうも、肝臓も腎臓も悪くない。血液検査の結果もすべて正常値。「19歳にして内臓に何の問題もないなんて」と獣医師も驚いた。触診してもらい「胃腸に何かあるかもね」とは言われたが、うらんの年齢を考え、それ以上は検査も治療もしないことにした。それから少しずつ元気がなくなって、うらんはゆっくりとゆっくりと弱っていった。

最期の2週間はお風呂の浴槽にふたをして、その上で過ごした。うらんが自分で選んだ場所だ。律子さんも「一緒にお風呂で暮らしました」。寒い時期だったので浴槽にお湯を入れ、冷めたら追いだきにして床暖というか、韓国のオンドルのような感じに。じっくり身体を温めて、旅立つ準備をしていたのだろうか。本当に動けなくなり、食餌も受け付けなくなって3日後、うらんは旅立った。眠るようにとはいかず、間際には苦しそうな声を上げた。

うらんがお骨になったとき、火葬場の方が「宿便がだいぶありましたね」と言ったが、たぶんそれは被毛。体力が落ち、自分で吐き出せなくなって、体内に残ってしまい、腸に詰まっていたと思われる。若く体力がある頃ならば、手術して取り出すこともできたかもしれない。以前は、猫草もよく食べて、毎日のように毛玉を吐いていた。「長毛猫だから、ブラッシングが好きな猫にしたほうがいいわよ」という、猫に詳しい知人のアドバイス通りにして、ブラッシングも欠かさなかったのに。「被毛のケアと吐き出させる方法を工夫していたら、もう少し長く生きていたかもしれない」と、夫妻は思っている。

「うらんが19歳まで健康を維持できたのは、牛乳を飲ませていたからじゃないか、と思うんです」と律子さん。宏さんも「外国のアニメーションを見ると、猫って牛乳を飲んでいるでしょ、ＭＩＬＫって書いてある容器から。あのイメージでうらんに飲ませてみたんですよね」。ふたりは「猫に関しての知識がなかったので」と口を揃える。

「猫によっては牛乳の栄養素を分解できないこともある」とあとから聞いたが、どうやら大丈夫そうだった。それからは習慣となり、1日に3度くらい与えた。「うらんは美食家だったので、いい牛乳がちゃんとわかって、低脂肪だと飲まなかったりしたけど、もっちーはなんでも飲みます」そう律子さんは言い、宏さんも「水で薄めても喜んで飲みます」。

フードは10回のうち8回くらいが缶詰のウエットタイプ、2回くらいがカリカリ。きっちりと決めているわけではないが、水分摂取を気にしてそうしている。同じ銘柄を与え続けるのではなく、そのときどきで「よさそうだ」と思ったものをランダムに。同じものを食べ続けるよりも「意識して、いろんなものをまんべんなく食べる」というスタイルは、宏さんが40代で忙しさとストレスから顔面神経麻痺を患ったときに、自分自身の生活を見直し、食に関しても研究を重ね、導き出した。

「うちは、ふたりで在宅していることも多いのでできるのですが」と律子さんが話してくれたのは、猫に食事を何度もやること。置き餌はしない。もっちーは少量を日に5〜6回食べる。ほんの3〜5口くらいの量を食べ、1時間くらいすると律子さんのうしろをついて歩いて「ごはんちょうだーい」。

「人間も同じような気がするんですけど、猫もおいしいものを少なめに、何度かに分けて食べるのが健康にいいように思うんです。消化するってエネルギーがいるし、身体に負担をかけないという意味でも」

これも宏さんが自分で実感したことだ。

人間も猫も、同じ生きものなのだから、人間によいことは猫にもきっといい。そして「猫をよく見ることで、人間にとって何がいいかも学ぶことができる」と宏さん。

「少しずつ何度も食べることで、猫は〝今度はいつ食べられるのかな〟という欠乏感というか、危機感がなくなると思うんです。それはストレスの軽減にもなり、精神的にも安定するはず」

猫は生きるためだけに生きている。こんなに小さいのにしっかり生き延びている猫からは、学ぶところがあるはずだ。

「猫を飼ったことで人生が変わった、と言っても過言ではない」

宏さんの話は続く。まずは人間関係。猫を通して知り合った人、猫がいたからより深い付き合いになった人がなんと多いことか。そして、猫を通してモノや世間を見ることで、視点が変わった。今まで見えてなかったものが見えるようになった。以前は電車に乗るのが嫌いで外出するのが面倒だった宏さん。猫と暮らすようになって、猫と人間が関わる喜びを知り、そこから人間と人間の関係も喜びの交歓だと気づいた。

そして「猫と暮らしてみて、猫を飼っていた画家の気持ちがはじめて理解できたような気がする」と。猫は、宏さんのイラストや立体の作風にも影響を与えている。たとえば藤田嗣治やバルテュス。彼らは猫をよく描いていたが、うらんと生活してはじめて、「彼らがどんな気持ちで猫を見つめていたのか、何を思って描いていたのか」がわかるような気がした。猫の内面を想像することが創造力につながるし、「愛を持って対象物を観る」というのは、アートの基本。「とにかく、猫といると観察力が鍛えられますね」。宏さんにとって、創作の孤独を埋め、慰めてくれるのもまた、猫なのだ。

十数年ぶりに横山家に来た編集者がもっちーを見て「あぁ、うらんがいるな」と思っているようだったので、なりゆきを話すと「え、うらんじゃないんですか！」と、驚いた。それほど、もっちーとうらんは似ている。大きさもほぼ一緒。「もしかして、もっちーが最初の猫だったら、私たちも飼いきれずにギブアップしていたかもしれません。うらんとの日々があったから、もっちーともしあわせに暮らせているんです」と、律子さん。うらんとの20年のおかげで、経験も知識も積めた。そう考えると、もっちーはうらんにも守られて生きている。

横山夫妻は、若いもっちーの姿に亡きうらんを重ね、2匹とともに今を生きている。

「飼い主に元気がないと、猫は心配すると思うんです。だから僕たちも健康で元気に暮らして、もっちーに心配かけないようにしないとね」

「猫は9回生まれ変わる」と何かで読んだことがあるけれど、それは亡くした猫を飼い主が捜すからなのかもしれない。

最期まで命を使いきった

ルビー　18歳・メス（雑種犬）

「妻の友だちが近くの公園を散歩していたときに、段ボール箱がぽつんと捨てられていてね……」

そう話しはじめた森茂樹さん。長年、病院や幼稚園のコンサルティング業をしていた森さんは、仕事を通してペット業界の深層を知るようになり、ペットがブームとなる前から、犬や猫のこと、ペットをめぐるさまざまなことを見てきた。最近は、その経験と知識を動物愛護活動に活かしている。

現在は、8歳になるキャバリアのカノンと暮らしているが、森家の初代愛犬は雑種のメス・ルビー。それが前出のエピソードにつながる。ルビーは18歳6ヶ月まで生きた。

「散歩中に段ボール箱が落ちてるって、それだけで予感めいたものがありますが……」

笑いながら水を向けると、「でしょ？　そうなんだよね。段ボール箱の中をおそるおそる覗いたら、仔犬が何匹もいてむくむくごそごそ動いていたの。まだ立てないくらいの小ささで、数えたら８匹！」。

え、それは予想をはるかに超える数。

ある日、夜も更けた頃に森家の電話が突然鳴った。それは妻の散歩仲間からで「すぐに公園に来て！」。急いで駆けつけてみると、真新しい段ボール箱があり、中にもぞもぞと動く仔犬たち。クリーム色、茶色、長毛の栗色……、それぞれ外見が見事に違う仔犬が８匹。飼い犬が子どもを産んでしまって、困った誰かが置き去りにしたのだろうか。それを確かめることはできないが、とにかく、この仔犬たちに飼い主がいないのは明らか。放っておくわけにもいかない。

「とりあえず、誰かに連絡して相談しなくては。森さんになら大事に飼ってもらえるんじゃない？」と、第一発見者に白羽の矢を立てられた。

それで8匹の中の1匹を森家で引き取ることにして、それ以外の仔犬たちはみんなで話し合い、自分の家で飼うことにしたり、一時的に保護して知り合いを頼り「飼ってもいい」という人を見つけたり。

実家には子どもの頃から犬がいた森さん。どうぶつ好き、とりわけ犬が大好きな少年だった。

「小学生の頃はね、クリスマスのデコレーションケーキを食べるときには、必ず犬にも分けて一緒に食べていたんだよ。それくらい犬が好きだったの」

そう振り返る。昭和30年代、小学生の男の子がデコレーションケーキを食べるのは一大イベント、大変な喜びだったはず。それなのに自分の分をちゃんと犬にも分け与えていたなんて、それはやっぱり愛だなぁ。

「まぁ、今ならクリームの脂肪がよくないとか、いろいろあるけど、当時はそんなことわからなかったしね。犬と一緒に食べることで喜びも2倍というか、そんな感じだったの」

そんな森さんだから、結婚し家庭を持ってからも「犬と暮らしたい」と思っていたが、きれい好きな妻には「家が汚れるから」と却下されていた。

しかし、今回はもうここに行き場のない仔犬がいる。折よく、犬に関わる企業のコンサルタントをはじめた頃で「仕事のためにもなるから」と説得。犬を飼いはじめたら、結局一番かわいがったのは妻だった。

「一緒にいる時間も長かったしね。そんなもんだよね」

仔犬に出会う少し前に、1週間ほど知人の猫を預かっていた森家。みんなでかわいがり、猫が帰ってしまったらとても寂しく名残り惜しかった。そんな気持ちもあったのか、仔犬の名前を家族で相談していたら、娘が「ルビーにしよう」と言い出した。それは預かっていた猫の名前。みんなで大賛成し、公園の段ボール箱の中にいた仔犬はルビーという名前になった。

もともと犬の中ではキャバリアが好きだった森さん。実は、ルビーが来る前から「いつか迎えたい」とブリーダーを訪ねたことがあった。そんな縁からルビーが来てすぐのタイミングで、キャバリアも迎えることに。「メス同士だし、大丈夫かな」と思ったが、ルビーはあたたかく迎え、とても仲よくなった。キャバリアはチェルシーと命名され、その後12歳で亡くなるまで、ルビーとは姉妹のような関係だった。現在の森家の愛犬・カノンは、チェルシーが亡くなった2年後にやって来た。

ルビーは、チェルシーを迎え、見送り、そしてカノンのこともやさしく受け入れた。カノンがやって来たとき、ルビーは14歳になっていたが、老犬にありがちな気難しさも見せず、むしろ大歓迎。気だてがよくやさしいルビーのおかげで、チェルシーもカノンもおだやかに育ってくれた。


森さんがよく思い出すのは一緒に散歩をしたこと。自転車でルビーとチェルシー、ルビーとカノンを2頭引きにしてよく走らせた。「今ではあんな危ないことをよくやってたなと思うけど」と笑う。

「多い日には朝夕2回、だいたい3キロくらいは走っていたかもね。もちろん、スピードはたいしたことないけれど、ゆっくりすぎてもバランスが崩れるし。危なくないように2匹と息を合わせて。犬たちにも僕にも充実感がありました」

「それで鍛えた健脚が、長生きのカギだった?」という私の問いに、「それはどうかわからないけれど、ルビーが15歳くらいまで、そんな感じでやってましたよ。ルビーは走るのが好きだったみたい。長生きのカギと言えば、食餌には気をつけていたかな」。

森家ではドライフード専門。「プレミアムフード」と言われるような、高級フードを与えていた。

「プレミアムだからいい、というわけではなくて、自分なりによさそうなものを吟味して、３種類くらいをローテーションしてました。食餌は毎日のものだからね、やっぱり大切だと思います。人も同じじゃない？」

17歳くらいまで、ルビーは大きく体調を崩すこともなく、若い頃とさほど変わらない日々を重ねた。

「17歳を過ぎた頃から、散歩しててもつまずきやすくなったり、その日によってはまっすぐ歩けない感じになってきました。本人（犬）はちゃんと歩いているつもりなんだけどね」

それまでずっと保険に入っていたけれど、ほとんど使ったことがないくらいの健康体。大きな病気もなく、看病らしいこともしたことがなかった。けれど「介護のこと、看取りについてもそろそろ考えなければいけない時期かな」と森さんは感じ、家族ともルビーの今後のこと、その対応について話し合った。そして「病名の付くような病気でなく、年齢的な衰えであるならば、なるべくなら入院はさせずに、家で看取る。やることは痛みや苦しみを緩和するケア。延命治療も一切しない」と方針を決めた。

「これって認知症かな」と思えるような行動をするようになったのは、18歳になった頃。まずは徘徊。家の中をぐるぐるぐるぐる。昼夜逆転したようになったり。トイレも出ているのかどうか自分でもわからない感じ。そこで森さんは、家の中にガーデニング用のフェンスでサークルを作り、その中を歩かせるようにした。まるで自分にトレーニングを課しているかのようにルビーはひたすら歩く。フェンスに顔をつけ鼻が擦り剝けるようになったので、擦っても痛くないようにタオルなどでカバー。トイレも自力で無理になってからは、紙パンツ。それでも脱げてしまうこともあるし「我慢しないでどこでしてもいいよ」と、家中にトイレシートを敷き詰めた。ちょっとお客さんは呼べない感じだったけれど、ルビーの介護のための最善策。ルビーの行動をよく見て、不具合がありそうなことはそのつど対応。あれこれ工夫しながらサポートにつとめた。

介護生活が半年ほど続き、眠れない夜もあったが、森さんは苦にならなかった。ルビーが夜中に起き出してぐるぐる回っているとき、添い寝をしてやると落ちついて寝てくれたので、３時間おきに添い寝をした。睡眠不足が続いたけれど「添い寝をして寝てくれるのって、自分の気持ちも満たされる感覚があるよね、やすらぎのような。赤ちゃんを寝かせるのと同じかもね」。

「今まで、ルビーにしてもらってばかりだったから、それをやっと返せているなと思っていましたね。だからルビーに何かしてやれることがうれしいというか、そんな時間も感謝だった」

そして続ける。「うちの子たち、息子も娘もよく育ってくれたなぁ、と思うんだけど、それもルビーがいてくれたからだと思うんだよね」。たとえば、受験のとき、不安や緊張で家の中がギクシャクするようなときも、ルビーがいてくれたおかげでなごやかになったり。森さん自身もルビーと散歩したおかげで健康が維持できた。妻が体調を崩したときも家族全員の癒しになってくれて、精神的にずいぶん助けてもらった。チェルシーとカノンを育ててくれたし、そんなひとつひとつを思い出して、これまでのもらった恩をお返ししているような気がしていた。体力的には少々きつくても、潤いのある日々だった。

「少しでも栄養価の高いものを」と思って鹿の生肉を取り寄せて食べさせたりしたが、13キロくらいあった身体もずいぶん痩せてきた。徘徊する体力もだんだんなくなり、眠っていることが多くなっても、ルビーは前脚をしきりに動かしていた。散歩で走っている夢でも見ていたのだろうか。

そんな頃、森さんは独立して家を出ていた息子と娘に電話をかけた。

「たまにはルビーに会いに来てやって。抱っこしてやったら喜ぶと思うよ」

子どもたちは次の休日に揃ってやって来た。ルビーを中心にしばらく過ごし、カノンもルビーのそばでうれしそうにしていた。その翌日、仕事中だった森さんに妻からの電話。「ルビーの心臓がもうすぐ止まりそう……」。動画も送られてきて、心臓の動きがだんだんゆっくりになってきたのが、被毛に覆われた横腹の動きでわかる。

ふっ、心臓が止まった。静かに静かにおだやかだったルビーらしい最期。「命が枯れる」という言葉があるが、まさにそのような、最期の最期まで命を使い生ききったという、そんなすっきりした顔をしていた。「子どもたちが来た次の日、というのには驚きました。すごいな！　って。潔さっていうかね」

「逝ってしまった」という寂しさはあったが、大きな落ち込みはなかった。そのときそのとき、ルビーにしっかり向き合ったし、介護もできることを精一杯やったと思う。それにカノンもいるから、悲しんでいるひまもない。

今、ルビーとチェルシーは「森家愛犬の墓」に入っている。

「今もときどき花を持ってお参りに行ってます。自分自身は無宗教でお葬式もお墓もいらないって思っているのにね。矛盾してるよね」

子どもの頃から犬好きだったけど、ルビーと暮らすようになってから、犬のことを何も知らないと気づいた森さん。「わりと何でも深掘りするタイプ」で、しつけの本や犬の習性についての本を何冊も読んで、研究した。そこで森さんが犬との暮らしにおいて大切に思っているのは「食餌に気を配ることとストレスをかけないこと、人とペットがフェアでいられること」。そして、何ごとも無理強いしない。犬がどうしたいか、犬の気持ちになって理解すること。

「人間関係もそうじゃない？　その人を尊重するところから、信頼関係は生まれるよね」

森家の犬たちは、しっかりコミュニケーションをとってきたからか、特別しつけをしたことはなかったけれど、こちらが困るような、叱らざるをえないような行動をすることはなかった。日々、おいしいごはんと新鮮な水を与え、犬も人も楽しめる散歩をする。コミュニケーションをとる。身体に痛みや痒みがないかをチェックする。そして、ゆっくり眠れる環境を作る。その積み重ねが、結果的に長生きにつながるのではないか。長生きがすべてではないけれど、健やかな日々が長く続くことはいいことだ。

きっとまた会える

リリ　19歳・メス（雑種猫）

編集者の篠崎恵美子さんは、どうぶつ好きの家庭で育った。鳥好きだった彼女の母はカナリヤとともに嫁入りし、さまざまな小鳥を飼っていた。多いときには何十羽もいて、夕食のあと、戸じまりをした家の中で十姉妹（じゅうしまつ）を放つ「ふれ合いタイム」が恒例だったこともある。ある日、弟がどこからか1匹の仔猫を拾ってきたことがきっかけとなり、それからは常に猫もいた。「猫が鳥を狩ってしまうのでは？」と、はじめはおそるおそるだったが、そのようなことは一度もなく、人と鳥と猫とで自然に暮らした。恵美子さんの猫歴は40年にもなる。長く在籍していた女性誌では「猫特集」も数多く手がけ、猫とともにある人生だ。

大人になり、結婚を機に実家を出た恵美子さん。猫のいない暮らしに物足りなさを感じてはいたが、当時、夫婦とも出張で家を空けることが多かったため「留守番ばかりではかわいそう」と思いとどまっていた。そのためか、近所に野良猫がいると、つい、かまいたくなる。地域にいる猫を通して会話を交わすようになったご近所さんには、「どこかにいい子がいたら、猫を飼いたいんです」と伝えていた。

そんなある日。夫婦で近所を歩いていたら、前から肩に仔猫を乗せた女性が歩いて来た。ぎょっとしてよく見ると黒猫とサビ猫の2匹が肩に乗っている。

「あなたたち、この猫を飼わない？」

事情を聞くと、肩に乗っている仔猫は、女性の飼い猫が産んだ猫たちで、どこかに貰ってくれる人はいないか探していたら「あの角の篠崎さんてお宅が猫好きよ」と聞いたので、見せに行こうと思った、と。

話はトントンと進み、猫を迎えることにした恵美子さんだが、彼女は迷った。

「どちらか1匹だとしたら、黒い子のほうかしら。それともいっそのこと2匹いっぺんに……？」

そこへ「黒い子より茶色が入ったサビのほうにしたら？　なんだかとても賢そうな感じだったよ」と夫が助言、サビを迎えることにした。そのサビが、２０１７年のクリスマスに19歳と9ヶ月で亡くなったリリ。

「あのとき、夫の言葉がなかったら、リリと暮らすこともなかったかもしれません。彼とはその後離婚をしましたが、〝茶色い子にしたら〟って、彼のその言葉を聞くために、私たちは結婚していたのかも、って思ったりもするんです。私とリリが出会うために」

恵美子さんは現在、シナモン、まろ、ミエル、ミッシェルの4匹の猫と暮らしている。そして今までに見送った猫は8匹。ボンボンは推定14歳、ムッシュは16歳、ミュウミュウは15歳、アランは1歳10ヶ月、レオンは11歳だった。多いときには6匹の猫がいた。それぞれ、さまざまな環境で生まれて育ち、住む家を求めて恵美子さんのもとへやって来た。でも、最年少で逝かせてしまったアランだけは、ペットショップで買った。

もともと、「命をお金で買うなんて」と思っていた恵美子さんだったが、キャットフードを買いに行っていたペットショップで売られていたアラン。アメリカンショートヘアの純血種。食餌も満足に与えられていないのか、長いことショーケースに入れられているのに、いっこうに大きくならないのが気がかりだった。恵美子さんはキャットフードを買うついでに「あ、あの子まだいるんだな」と横目で眺めていたが、あるときから価格がどんどん下げられて、ついには値段の表示もはずされていた。店員さんに「この子、値段がないけど、どうして？」と尋ねると「間もなく別のお店に行くので」との答え。「それって処分ということ？」、恵美子さんはピンときて、「私が買います！」。

「純血種ってやっぱり弱いんでしょうかね。ペットショップの環境もあると思うんですけど、うちの子になったとき、アランはジャンプすることもできなかったんですよ」

恵美子さんとアランが暮らしたのは1年と10ヶ月。尿管結石となり入院したアランは、治療を受け退院したが、その翌朝に起きたら亡くなっていた。夜、苦しそうに鳴いたけれど、獣医からも「回復に向かっている」と説明を受け退院してきたその日のことだったので「朝まで様子を見よう」と思った。「あのときにもっと深刻に捉えて、救急病院にでも連れて行っていたら……」、恵美子さんは自分を責め、重たい気持ちは1年以上も続いた。

リリと恵美子さんは一心同体、二人六脚で生きた。母のように恵美子さんを心配し、子どものように甘え、親友のように遊び、よき話し相手となった。夜、眠るときは、かならず恵美子さんの耳をチュウチュウ吸いながら眠る。「だから、ピアスを開けるのをあきらめました」

仕事で遅くなり終電で帰宅しても、明け方までかくれんぼをしたり、本当によく遊んだ。物怖じしないリリは外出も平気。一緒に散歩に出ては木登りをしたり、野原を駆けたり。車で出かけることも多く、ホームセンターへ買い物にも行った。

「リリとの思い出は多く、感謝することばかりですが、中でも感謝してもしきれないのは、私の両親、特に母を大事にしてくれたことです」

13年前に父をがんで亡くしたが、父が入院していたホスピスにもリリは付き合ってくれて、立派にセラピー猫の役目を果たした。そして父亡きあと、実家でひとり暮らしをしていた母が体調を崩し、在宅療養をすることになると、今度は「猫村さん」よろしく、ヘルパー猫となった。

朝、出勤の前に、実家に寄って母の様子を見る恵美子さんとともに、リリも実家へ。

母の脇に自分の枕を置いて付き添った。通って来る介護士さんやヘルパーさんにもかわいがってもらい、母を慰めるのはもちろん、ヘルパーさんたちの気持ちもなごませ、母を介護する輪の中心にはいつもリリがいた。夜は、仕事が終わってからまた実家に寄る恵美子さんとともに、一緒に帰宅。そんな生活を長年続けたので、リリは、母をともに看取った同志のような存在でもある。

その後、実家での介護が難しくなった母は特養に入ることになったが、施設には猫を連れて行くことができない。母を介護している自覚があったリリは、自分を連れて行ってくれないことに憤慨した。

「怒って怒って。私が出かけるとき〝連れてけ！〟って玄関先で待っているんですよ。4、5日は怒ってたと思います」

それからは、天気のいい休みの日にリリを連れて母を見舞い、施設の庭のベンチなどで会った。ふたりの表情を恵美子さんは忘れられない。

「お互いに会えて喜んで。本当にうれしそうにしていましたよ」

15歳を過ぎた頃から、鼻をグスグスさせたり、涙目になる症状が出たりするようになったリリ。そこで定期的にホメオパシーや鍼をしてくれる動物病院に通いはじめた。「猫に鍼？」と驚くが、気持ちがいいのか、案外、おとなしく治療を受けていた。

　それから4年。少しずつ体力も落ちてゆるやかに弱ってきていたが、2017年のクリスマス、仕事を終えて帰宅したところ、床に倒れていた。あわてて駆け寄り声をかけると、リリは「ニャ！」と返事をして恵美子さんを見た。「まだ生きていてくれた！」。うれしかったが「別れは今日なのだ」と、すぐにわかった。もうじたばたしない。恵美子さんはリリを胸に抱き、これまでの思い出を浮かぶままにおしゃべりしたり、即興でよく歌っていた「リリのうた」を歌ったりして過ごした。

「リリはかわいいね、頭もよくってねー」「ずっと一緒で楽しかったねー」「さすがリリ、天使だね」「天使だからクリスマスに逝くんだね」

　そんなふうに声をかけ、子守唄も歌った。リリは恵美子さんを見つめながら、それをずっとずっと聞いていた。そんな時間が1時間ほど過ぎた頃、リリは前脚で空気を掻くような仕草をし、次の瞬間に身体からカクッと力が抜けた。身体を脱ぎ捨て、リリの魂は天国へ。大往生。なんと幸福なソフトランディングだろうか。

　亡くなる前のひととき、リリの瞳はとてもキラキラしていた。

「あの眼差しが忘れられません。ほかの猫たちも、リリと私を見守るようにおとなしくまわりにいてくれたんですよ」

今でもふいに涙が頬をつたうことがあり、そんなときはすぐにサングラスをかける。リリを見送ったときに「きっとまた会える」と思えた。それは、父や母を亡くしたときに感じたよりも強い気持ちで、疑う余地がないほどの確信だった。今は「リリが待っていてくれる」と思うと、死もそれほど怖いものでもないと思える。自分の生を終えたとき、またリリに会えるのが楽しみだ。

死んでしまうと、姿も見えないし、触ることもできない。その寂しさは拭えない。しかし、「感じることができると知った」。仕草、やわらかな被毛をなでたときの感触……。ふと存在を感じる瞬間がある。思い出を反芻（はんすう）しているとそこに新たな気づきを得ることもある。だから「死」は終わりではない。

毎朝、恵美子さんは仕事に出るときに、今までの猫、全員の名前を言う。そして「いってきます。今日も守ってね。8時頃には帰って来られると思うから」と声に出す。猫たちは、恵美子さんにとってペットというより家族。だから、ちゃんと大人扱いをして、約束やマナーを守らなくちゃと心がけている。

「もともと物欲が強いほうではないけれど、猫と暮らして、より物欲がなくなった」

猫を見ているだけで気持ちは満ちている。猫が元気でしあわせでいてくれたら、それで自分もしあわせだ。猫に関われた人生で本当によかった。今日も家に帰ると贅沢が待っている。

綱渡りのような日々も愛おしい

ユパ 19歳（推定）・オス（トイプードル）

８年ほど前から、埼玉に拠点を置く動物愛護団体「ワンダフルドッグス」で預かりボランティアをしている中森規子さん。預かりボランティアとは、捨てられたり迷子になったりして保護された犬に新しい里親が見つかるまでの間、自分の家に引き取り無償で世話をすること。預かる期間はさまざまで、その間は家庭の雰囲気に慣れさせ、我が家の愛犬同様に過ごさせる。そして、その犬に合う環境を持つ里親を見つけて譲渡するまでの面倒を見る。

ボランティアをはじめたきっかけは、犬仲間の勧めがあったから。中森家にはボーダーコリーのレイがいる。レイを迎えた頃は「保護犬」という言葉も知らなかったが、レイを通して知り合った人が、愛護団体でボランティアをしていたことから手伝うようになった。

「1匹を一時的に預かることなら、できるかもしれない。行き場のない犬たちのために少しでも助けになれたら。やれることから続けていこう」


団体のボランティアメンバー専用のSNSに、レスキューを必要としている犬の情報や写真が上がる。あるとき、規子さんがそのページを見ていたら、気になる犬がいた。栃木の保健所に収容されているトイプードルで、推定年齢14〜15歳。ボランティアをはじめて最初に預かった犬を無事に里親に送り出し、ひと息ついていた時期だった。高齢の保護犬もめずらしくないが「別れがすぐに来てしまう」と里親として引き取る人は少ない。ということは「永遠に預かり」となりかねない。躊躇しながら様子を見ていたが、誰も手を挙げる人がいなかった。当時は、群馬や栃木、茨城などでは野良犬も多く、殺処分が行われていた。収容期限も間近だという。

自分でもなぜだかわからないけれど、妙に気にかかる。「よし、迎えに行こう」そう決心し、ひとりでクルマを運転し栃木に向かった。はじめて写真を見たときは、被毛と爪は伸び放題、毛玉だらけ。歯もぐらぐらで舌を出していた。どこかの星からやって来た、毛に覆われた未確認生物。「ちんちくりんでおもしろいおじいさんだな」というのが第一印象。

我が家に迎え、身ぎれいにして暮らしはじめると、適応力があるのか環境にすぐに慣れた。当時6歳だった先住犬のレイは、やって来たのがあまりの高齢犬だったからか、敬意を示した。すぐに上下関係が決まり、自然に馴染んで2匹の間には何のトラブルも起きなかった。

しかし、人に対しては何かトラウマがあるのか、一度怖いと思うとかたくなに拒否し、咬みついて応戦する。本性を出せるようになってからは、触られたくないところを触られると牙を剝くような一面も。

「もしかしたら、咬み癖がどうにもならず、捨てられたのでは」

中森家に預けられた犬は、とりあえずジブリ作品から名前を付ける。未確認生物風トイプードルは、『風の谷のナウシカ』のユパ・ミラルダから「ユパ」と名付けられた。

落ちついた頃に里親募集をかけたら、案外「好み」という人が多く、すぐに里親希望者が名乗り出てくれた。最初の里親希望は先住犬としてスタンダードプードルがいる家で、2匹目としてユパを迎えたいという。環境もいい。先方にユパを届けて安心していたが、1週間ほどした頃に連絡があった。「ユパと同居をはじめたら、先住犬が体調を崩してしまった」。それでユパは出戻った。そしてその2ヶ月後、今度はトイプードルを3匹飼っているご家庭から「4匹目に迎えたい」と希望があった。プードルに精通した愛犬家で、はりきってユパを受け入れてくれたが、今度は「ユパがハウスから出て来ない」との連絡。ユパと相性が合わなかったということだろうか。再び、中森家に戻って来た。どちらの里親候補も一生懸命やってくださったけれど、つながらないときにはつながらない。縁とはそういうものだ。ゆっくり時間をかければなんとかなったのかもしれないけれど……。

「高齢になって、いろいろ環境が変わるのもかわいそう。慣れた我が家に置いておくのが一番いいかもしれない」

規子さんはそう思うようになった。ユパは、少々偏屈で急に怒り出すこともある。そんな彼の性格を夫や子どもたちも把握してるので、ユパ自身も暮らしやすいだろう。レイとの相性もいいし。それに14歳だとして、あと何年元気で過ごせるかもわからない。
「うちの子になる?」、そう聞いたら、ユパも「うん!」と言ったような気がして、正式に中森家の犬として迎えることにした。栃木の保健所から引き出して7ヶ月、正式譲渡の12月1日を中森ユパの誕生日と決めた。その頃、ぐらぐらだった歯が痛くなり、食餌も摂れなくなったユパ。全部抜くより方法がなく、リスク覚悟で全身麻酔をかけ抜歯。そのとき一緒に去勢手術をしてもらってから、どんどんおだやかなユパじいさんに。

　規子さんのボランティアは続いていたので、ユパが中森家の犬になってからも、預かり犬がやって来ては、しあわせを摑んで家を出て行った。そんなことが刺激となり、ユパは活性化し、どんどん若返った。

「どんな犬が来てもフレンドリーでしたね。ときには教育的指導をして。それから、若い小型犬のメスが来ると、うはうは喜んでわかりやすかったです」

　16歳には胆嚢にドロが溜まる胆嚢粘液嚢腫にかかり手術を受けた。一刻を争う状況で、年齢を考えるとやはりリスクは大きかったが、「もし、死んでしまうとしても、身体の中に痛いところを残したまま逝かせたくない」との思いから、胆嚢を全摘する手術を受けさせることを決断。手術は長引いたが、麻酔から目覚め、無事、1週間後に退院。

17歳を過ぎた頃からは少しずつ弱っていって、歩く距離も短くなり、散歩の途中でふらふらしだすように。それからはカートに入れて出かけるようになったが、のんびり楽しい老後。ボーダーコリーの仲間たちと湖に行ったり、規子さんの実家がある山形へ行ったり。ロングドライブもうれしそうにしていた。

2017年12月の19歳の誕生日も元気で迎えたが、年が明けて1月、急に腰が抜けて歩けなくなり、そこからはガクッと体力も気力も落ちた。

転んだりぶつかったりしても痛くないように、ボーダーコリー用の大きくて柔らかい素材でできたバリケンネルの中にベッドを入れ、そこをユパの病室に。いよいよ立てなくなってからは、すっかり介護生活。

「トイレも自力ではできなくなって紙パンツをはかせましたが、とても嫌だったと思います。おしっこは、もともと外派だったので、なおさら受け入れ難かったでしょうね」

いつも手脚が冷たかったので、靴下をはかせたり、血行をよくするためにアロマのお湯に入れたりもした。

「それでも食欲は旺盛でした。歯はすっかりないので小粒のドライフードを歯肉ではむはむと食べていました。さすがに硬いものは与えませんでしたが、ささみやボーロ、何でもよく食べて。はっきり言って、食べることに執着していました」

だから獣医師には「食べなくなったら、早いかも……」と言われていた。

「〝骨と皮だけ〟とはこのことか」と思うほど、食べても身体が吸収できずに痩せてきた。甘酒にウエットフードを混ぜて食べさせたりしたが、いよいよ食べなくなって2日後の朝、ユパは規子さんの腕の中で亡くなった。介護生活7ヶ月。最期の1週間は下血もあってつらそうだった。仕事のある日は、昼休みに飛ぶように帰宅し、わずかな時間で水を飲ませたり紙パンツの交換をしたり。綱渡りのような毎日だったけれど、苦にはならず、むしろユパへの愛おしさが募るばかりだった。

「もう生きたまま仙人の域に達して、もしかしたら死なないんじゃない？」と半ば本気で思っていたけれど、死んでしまったユパ。ほんの数ヶ月、預かるだけのはずだったのに、こんなに長く一緒にいさせてもらえたなんて。たぶん、どこかの家庭にもらわれていたとしても、ユパはきっと長生きだった。今思えば、幸運を自分の手で引き寄せる、生命力も気力もある強い犬だった。

里親から戻されたり病気をしたりと、大変なこともあったけれど、思い返すのは笑えることばかり。ユパを捨てた元飼い主に伝えたい。

「長い一生を見届けさせてもらえてしあわせでした。かわいくておもしろくて、最高な子でしたよ！」

ぼさぼさの毛玉だらけだった老犬と出会って5年、推定年齢19歳8ヶ月。あの出会いからの未来が、こんなにも長く、濃密で充実した日々だったとは。ユパは希望の光だ。

身体は魂のいれものだった

テン　23歳・メス（雑種猫）

「そういえば、きのこさんが飼っていた猫、何歳まで生きていたんでしたっけ」

デザイナーの木下容美子（ゆみこ）さんと仕事の打ち合わせが終わり、雑談をしていたときに、ふと訊ねた。以前、長生きした猫と暮らしていたと聞いたことを思い出して。

「テンちゃんは、23歳で亡くなったの」

「わぁ、ニャンと！　それはぜひ詳しく話を聞かせて」と、あらためて取材をさせてもらうことになった。

「きのこさん」こと木下容美子さんとは、女性誌の仕事で知り合った。私が担当した特集記事をきのこさんがデザインしてくれることが何年も続き、編集部の人々を含めて仲よくなった。拙著やうちの犬猫のカレンダーなど、現在も仕事でご一緒することがあり、ときどき我が家に食事にも来てくれる。

頻繁に仕事をしていた頃、きのこさんは現在のだんなさまと同棲中で、彼が知り合いのお寺から譲り受けた犬・ネルと暮らしていた。そのため、犬についてはよく話をして情報交換もしていたが、愛猫について聞いたことはあまりなかったような気がする（ネルは15歳10ヶ月まで生きて、大型犬にしては大往生だった）。

きのこさんが中学1年生のとき。ある日、すぐ上の兄が仔猫を連れて帰宅した。「友だちが拾ったけれど、彼の家では飼えないので、譲り受けた」とのこと。乳離れもしていない、目が開いたばかりの握りこぶしほどの小ささ。なんとか母の許しが出て、めでたく木下家の猫になった。名前はテン、兄が付けた。当時『うる星やつら』が流行っていて、登場する「ジャリテン」からとった（テンは、ヒロイン・ラムちゃんの従弟（いとこ）で鬼族の星の男の子。トラ柄パンツをはいている）。拾った猫はトラ柄ではなかったけれど、小さくてしましまがあったから、だと思う。「テンちゃん」と呼んだ。

見よう見まねでシリンジでミルクを与え、一生懸命に育てた。きのこさんは4人兄妹の末っ子。母は家の1階で営むお店が忙しく、学校から帰るとひとりで過ごすことが多かった。だから仔猫が来て留守番の相棒ができたような、妹ができたような。どこかくすぐったくてうれしくて、日々に張り合いができた。家を出ていた姉が戻って来て、家族みんなで暮らしていても、テンはきのこさんにしかなつかず、いつも一緒。家族からも「ふたりでひとり」と認識されていた。

「何ひとりごと言ってるの？」と、母に部屋を覗かれることがあったが、それはいつもテンに話しかけているときのこと。その頃からテンにはいろいろなことを聞いてもらった。

高校は家政科に通っていて、高3の卒業制作ではベルベットでコートを作った。吟味し奮発して素材を買って、注意深く裁断し、縫い、先生にも「楽しみね、期待してるわ」と言ってもらって、ますますはりきった。

そんな矢先。家で課題をしていたとき、制作途中のコートの上にテンがおしっこをした。

「明らかに抗議行動だったんです。私が忙しくしてて、あまりかまってやれなかったとか、そんなことに対しての」

先生は「洗えば大丈夫じゃない？」とのんきに言っていたけれど、きのこさんは絶望し、「先生は、猫のおしっこのすごさを知らないんだよ――――！」と泣きながら訴えた。以来、ぽっきりと心が折れて、作り直す気持ちにもなれず……。

「やさしい先生で、努力は認めてくれて、ちゃんと卒業できました」

テンとの、くやしくて、懐かしい思い出。

きのこさんが実家を出たのは27歳のとき。テンと一緒の独立。「猫がいると何かと大変」などと考えたことはなく、「自分が家を出るのならテンも一緒に」としか思っていなかった。たぶん、テンも同じ気持ちだったと思う。「ゆみこが家を出るなら私も出るわ」。テンは14歳になっていた。

東京・町田市にあった実家を出て、最初に住んだのは港区青山。それから世田谷区内で何度か移転。現在のだんなさまとはその頃に付き合いはじめ、テンと一緒に彼のもとへ引っ越した。

犬派の彼は、ペットをしつけるのはあたりまえだと思っていたので、テンにしつけをまったくしていないと呆れられた。出かけるときに猫をケージに入れるなんてナンセンスだし、猫に「テーブルに乗っちゃだめ」と言ってもしょうがないよ〜、と思っていたし……。

まぁ、それだけが理由ではなく、お互いの仕事が忙しくなってきたこともあり、同棲は一時解消することになって、きのこさんとテンは、彼の家から車で15分くらいの場所へ引っ越し。またふたりの暮らしに戻った。

「それから6年間の日々が、テンにとっては一番落ちついて、しあわせだったんじゃないかと思います」

テンは8歳のときに不妊手術をしたが、その手術中に子宮がんが見つかった。手術の最中に動物病院から電話があって、経緯を説明されて「切ってもいいですか」。もちろん承諾して、切除し無事に退院したが、思えば、テンは運がいい。それ以外は大きな病気もせずに、体調を崩すようなこともなかったが、ふたり暮らしに戻って数ヶ月が経った頃、てんかんを発症。それから半年に一度くらいの割合で発作を起こすようになった。

家に帰るといつもテンが迎えてくれて、1日の出来事を話して一緒に眠る。それがあまりにもあたりまえのことだったので、年齢など考えたこともなかったが、気がつけばテンは17歳。

「テンちゃん、けっこうなお年頃ね、って、ようやく気がつきました」

　発作を起こすようになってからは獣医師に診てもらう機会も増えた。そのときに「テンちゃんは、目が見えていないと思いますよ」と言われて驚いた。いったい、いつから？「いつも黒目がちでかわいいな」と思っていたけれど、もしかしてそれは見えていなかったから？　家具にぶつかるようなことは一度もなかったし、棚から落ちることもなかった。食餌もスムーズだったし、ボウルから水をこぼすこともなかった。本当に？　まったく気づかなかった。

「ただ、声がとても大きかったんです。帰宅するといつも、〝ナァー！　ナァー！〟と爆音でのお迎えでした。今思えば、何か関係があったのかもしれません」

　水を飲むのもわずか、カリカリも「1日に何粒食べる？」というくらい小食になり、「もしかしたら、お別れが近いのかなぁ」と感じるようになってからは、出勤していた編集部の仕事を在宅で作業させてもらうようにした。

「亡くなるまで半年くらいは、本当にずっとふたりで家にいたんです。仕事は忙しかったけど、静かでおだやかないい時間でした」

そして、そんな日がまだしばらくは続くような気がしていたある朝。目を覚ましたとき、テンは、眠るときの定位置であるきのこさんの右肩あたりにいた。

いつものようにしあわせな重みを感じながら、きのこさんはテンを見た。「あっ……」、息をしていない。

「不思議な感覚でしたね。テンはいつものように私の右肩で丸まって寝ていて。ちゃんとここにいるのに、心臓が止まって、息もしていなくて。『さよならも言わないで』と思ったけれど、私が眠るのを待って、あえてさよならは言わせなかったのだと思います。『逝ってきまーす』って感じかも」

昨日と変わらない姿がここにあるのに、テンはもういない。亡骸はハリボテのように見えた。姿かたちはあるのに、中には何も入っていない。そのことがはっきりとわかる。身体は魂のいれものだったのだ。死んでしまったら、中味はからっぽ……。

車で30分ほどの深大寺の森の中の斎場に、彼に同行してもらってテンを連れて行き、焼いてもらった。お骨は家には持ち帰れない合同葬にした。合同納骨所に納められ、のちのちは粉骨し、森に撒かれるそうだ。

「いつか、テンのお骨も粉になって撒かれて、木の葉っぱの1枚にでもなってくれたらいいな、と思って」

テンのお骨が入った壺を持ち帰り置いておくよりも、ずっと家の中で暮らした子だから、自由にしてやりたいという気持ちが強くあった。お骨はテンの骨だけど、骨は骨、テンじゃない。写真を飾って、花や好きだったものを供えたりはしていたけれど。すぐに納骨してしまったことは、「薄情だったかなぁ」と思い返すこともあったが、お骨を持ち帰れば、今度は「いつ納骨しようか」と悩むだろうし、なにせ23年も一緒にいたのだから、もしかしたら「お骨を持ち続けて23年」なんてことにもなりかねない。

「亡骸は亡骸、魂は魂という気持ちが強いのかもしれませんね」

テンが亡くなってからは、「あの頃もっとそばにいてやれたらよかった」とか、「ああしていれば」「こうしていれば」を考えてばかり。ずいぶんくよくよしたけれど、悲しくなったり、寂しくなったりしたときは、テンが眠る深大寺に行った。何年もの間、本当によく通った。

「今でもふと思い出しては、行きます。彼と入籍したときも、報告に行きました」

つい先日のこと。将来のことを考えすぎてズドーンと落ち込んだが、その夜、テンとネルの夢を見た。朝起きたときには、夢を見たことすら忘れていたが、いつものように2匹の小さな仏壇にお水を供え、手を合わせているときに、ふと思い出した。これまで夢は何度も見ているけれど、今の家に2匹揃っていた夢ははじめて。

とてもうれしい気持ちになって、今まで飼い方について後悔していたこともあったけど、そのもやもやがすーっと晴れた。

「そんなに心配しなくても大丈夫だよ！　そう伝えに来てくれたと思いました。ニクイやつらです。遠くの家族より、近くの犬と猫。愛おしいです」

「死んだ猫が生まれ変わって、また飼い主のもとに現れる」のはよく言われることで、「そんなこともあるかもな」と思うけれど、テンはもう生まれ変わらないような気がする。佐野洋子さんの絵本『100万回生きたねこ』のように、テンも「もうじゅうぶん生きたよ」と思っているんじゃないかな。だから、もしまた会えるとしたら、それは自分が死んだとき。おばあちゃんになった私にテンは気づいてくれるだろうか。

静かに、あやかりたい逝き方

ジェイク　17歳・オス（ワイヤーフォックステリア）

70年以上も前。当時、東京・渋谷区鎗ヶ崎の交差点のところに犬屋があり、そこにいた犬を父が買ってくれた。それからは、ずっと犬がそばにいる暮らし。
「日本テリアでした。たしか私が5歳の頃。ひとりっ子だったので、妹か弟代わりにと思ったんでしょうね。エスと名付けました」
エスがはじまりで、これまで飼った犬は11匹。猫がいたこともあったし、飼っていた犬が子どもを産んで、一度に何匹もいた時期もあった。
昭和10年生まれの本村奎子さん、83歳。背筋をピンと伸ばし、現在の愛犬・トイプードルのトレイシー2世（10歳・メス）を連れて、颯爽と歩く。矍鑠としておしゃれで「このように年齢を重ねていきたいものだ」と思わせる。

代官山で隠れ家カフェを営む友人が紹介してくれた奎子さん。生まれも育ちも渋谷区代官山界隈。

「今でこそ、おしゃれな街になっているけど、戦前は自然もいっぱいで、のんびりしたところだったんですよ」

野良犬もめずらしくなく、奎子さんの家の庭に垣根から自由に出入りする犬もいた。空腹そうにしているのでごはんをやると喜んで食べる。「じゃあ、よかったら明日もいらっしゃい」、そう言うと、翌日も顔を出すように。次第に情が湧き、庭につないで「家の犬」としたこともあった。家の前に仔犬が捨てられていたこともあったし、友人が飼いきれなくなった犬を、「この子を頼めるのはあなたしかいないわ」と連れて来たことも。長い間、ごく自然に犬が集まってきて、学生時代の友人たちは「あなたの家にはいっつも犬がいたわね」と懐かしむ。

昔は犬を飼うための知識などなかったし、よほどのことがないと獣医に診せるという感じでもなく、どの犬も8歳前後、長くても10歳を超えたくらいで逝ってしまった。何度経験しても気持ちが沈み、愛犬を亡くす悲しさと寂しさに慣れることはない。でもなぜか、しばらくすると新たな犬がいろんな経緯でやって来ては住み着き、ぽっかり空いた心の穴を、また埋めてくれるのだった。

「フィラリアの対策をするようになって、犬の寿命が延びたと実感しています」

「今日、お話しするのはこの子のこと。ワイヤーフォックステリアのジェイクです。2016年に17歳で亡くなったんですよ」

見せてくれた写真は、ひと目でプロが撮影したとわかる美しいもの。ジェイクとトレイシー2世が一緒に写っている。ジェイクがあまり食べなくなって「あら？」と思っていたとき、おしっこに少しだけ血が混ざっているのを発見。急いで動物病院に連れて行ったら、膀胱がんと診断された。

「もう驚いてしまって。この子も死んでしまうのね、と悲しくて。それで、今の姿を残しておきたいと思って、昔からある写真館でね、撮影してもらったんです」

亡くなったご主人はカメラが趣味で、歴代の犬たちを撮影しては、アルバムを作ったりポストカードにしたりしていたけれど、このときはもうご主人もおらず、「誰かに撮ってもらわなくちゃ」と、写真館を予約した。がんの宣告を受けた16歳とは思えない、若々しくおだやかな表情で写真におさまるジェイク。本当にいい写真。奎子さんにとって大切な一枚となった。

「このときね、2匹の間に私が入って撮影した写真もあるんです。恥ずかしいから人にお見せしないんだけど。それは私の遺影にするつもりでいるのよ」

ジェイクの一代前にいたのは、ウエストハイランドホワイトテリアのトレイシー。迎えたのは30年ほど前。本村家では、このときから完全室内飼いとした。それまでの歴代の犬たちは、基本、外飼い。夫婦の柴犬が子どもを産んで、そのファミリーで28年いたことがあったが、そのときも犬たちは庭暮らし。冬には犬小屋に湯たんぽを入れてやったり、悪天候の日には玄関に入れることはしていたけれど。

トレイシーは室内にいて、近い距離で暮らしていたからか、愛犬たちの中でも思い入れが強く、亡くなったときには完全なペットロスに陥った。当時はまだ「ペットロス」という言葉もなかったけれど、心配した次男が「母の落ち込みをなんとかしよう」と連れて来たのがジェイク。渋谷のデパートで買って来た。

愛嬌のある顔と持ち前の明るさ。トレイシーより体軀(たいく)も大きなジェイクは、次男とも散歩をし、すぐに家庭の中心となった。

現在の愛犬・トレイシー2世は、ジェイクが6歳のときに、軽井沢に住む友人を経由してやって来た。ブリーダーのもとで生まれ、一度は飼い主が見つかったものの、手に負えないと戻されてしまったそうだ。「行くあてのない子がいる」、そう聞くと放っておけず、引き取った。「はじめて犬を飼う人だったようで、コントロールができなかったんですね」。名前はジェイクの前にいたトレイシーを継がせた。「主人がね、犬がいろいろいて、名前が覚えきれないから同じ名前にしてくれと言うので」、トレイシー1世、2世として区別することにした。

そういえば、ご主人は亡くなる少し前にこんなことも言ったという。「僕は、本当はあまり犬が好きじゃなかったんだ」。子どもの頃に、叔父の家に大きなジャーマンシェパードが2匹もいて怖かった。それ以来、あまり犬には近づきたくないと思っていたのだそうだ。今さら言っても遅い。「あら、そうだったの？　それは失礼しました」と謝ってみたものの、こっちは子どもの頃から犬と暮らしていたし、犬好きな私と結婚し、結婚してからも私の実家に住んでいたのだから、仕方のないことじゃない？

話を戻して。16歳半ばで膀胱がんと診断されたジェイク。「余命半年」と宣告されたが、高齢で進行が遅かったのか、それから1年生きた。病状も激しく変化することはなく、さほど痛がらず、ゆるやかで自然な枯れ方だった。

「旅立ちが近いかな」となってからは、友人との約束もキャンセルし、ずっと家にいて見守った。食べものを食べなくなり（大好きだった肉さえも）、紙パンツをつけて寝たきりになって、シリンジで水だけを与えて1週間。

「死因は、がんというより老衰でしょうね」

腕の中に抱き、呼吸を合わせるようにしてジェイクを見守り、そして……。すーっと眠りにつくようなおだやかさ、見事だった。

「私もあやかりたいな、って思うほど、いい亡くなり方だったんですよ。苦しまずに静かに逝けて、うらやましい」

歴代の犬たちの中で一番長寿だったジェイクを亡くし、気が抜けてしまったような時期もあったが、トレイシー2世が寄り添ってくれて今がある。最近、近所ではあるけれど引っ越しをして、環境が変わってからは、甘えん坊になったトレイシー2世。「あなたは犬なんだからね」、そう言い聞かせながらも、「たぶん、この子が最後の犬になるかな」という思いがあるので、ひとりと1匹の日々、瞬間瞬間を大切に味わっている。やっぱり、飼い主が看取ってこそのペット。ペットを置いて飼い主が先に逝くのは避けたいことだ。

「そうなってしまうのは無責任じゃない？　今さら、犬がいない暮らしなんて想像できないけれど、命には限りがありますから、これぱかりは仕方がない。あきらめるしかないと思います」

ひと息ついて話しはじめた奎子さん。

「そういえばね、こんなこともあったのよ」

最初の愛犬、日本テリアのエスのことを聞かせてくれた。

エスは賢い犬で、役人だった父が出勤するときには、執事よろしく家から代官山駅までついて歩き、改札口で父を見送るとまたひとりで家に戻って来ていた。本犬もそれを日課と決めていたようだ。もう何年もそうしていたが、ある日、エスは見送りから帰って来なかった。戦争がはじまって、しばらく経った頃だった。

学校から帰宅した奎子さんは、エスがいないことを知り、あちこち捜して歩いたが見つからなかった。夜になり「明日になったら帰って来るかな」と思いながら寝て、毎日毎日学校から戻るとエスを探して……。とうとう見つけられないままになってしまったけれど、思い出しては「どこかでしあわせにしていますように」と祈った。

今から10年ほど前、長命だった母が、晩年になってはじめて教えてくれたのは、「戦時中、エスの供出を迫られ従った」ということ。あのとき、エスは迷子になったのではなかったのだ。「人も食べるものに困っている世の中で、犬まで飼っているとは」、そう言われると肩身も狭く、何より国の命令に逆らえる時代ではなくて……。

「たぶん、父と母は、私の気持ちを思って、相当苦しかったでしょうね」

当時、母も「そうねぇ、どこへ行っちゃったのかしらねぇ」と困った顔を見せていたけれど、エスを捜して歩く娘の姿に心を痛めて、陰では泣いていたそうだ。

エスの本当の行く末を、当時知らされていたら、何を思っただろう。犬とともに生きた人生はなかったかもしれない。犬と暮らす愉しみを知らずに生きていたら、人生はどれだけ味気ないものになっていただろうか。エスの本当のことを隠し続けてくれた両親のやさしさと、戦争の惨(むご)さをあらためて心に刻む。

犬の毛皮は、戦争中、満州へ出兵する兵隊のコートのインナーとして使われていたそうだ。

命の長さを決めることはできない

祭（さい）　16歳・オス（雑種猫）

「父は、庭に猫がやって来ると追い払うような人だったんですよ」

自宅の庭で見知らぬ猫におしっこをされることを嫌がり、住み着かれても困る、と。はっきり言えば猫嫌い。自分自身は、子どもの頃からどうぶつに親しみを持ってはいたけれど、身近にふれ合う機会がないまま大人になった。

音楽ユニット・ケロポンズの、ケロちゃんこと増田裕子さんは、現在、2匹の猫と暮らしている。東京・武蔵野市のマンションで同居していた父が闘病の末亡くなり、何年か過ぎたときに、最初の猫・祭を迎えた。ケロポンズのポンちゃんこと平田明子さんの知り合いが野良猫の保護活動をしていて「どうにも行き場のない仔猫がいる」とのことで、「それならば」と決心し、猫との暮らしがはじまった。

ケロちゃんは、幼稚園勤務を経て、音楽活動をするようになり、1999年からはポンちゃんとケロポンズを結成。親子コンサートや保育士・幼稚園の先生を対象とした保育セミナーなどに出演し多忙な毎日を送っている。

相方のポンちゃんをはじめ、見回すと周囲はなぜか猫好きばかり。友人たちも、猫を飼っている人が多い。「あの家にはまだ猫がいないぞ、と狙われていたんですよ。よさそうな保護猫がいたらケロのところへ送り込もう、って」と笑う。

猫の知識はあまりなく、「猫のいろは」は祭に教わった。祭を迎え、目まぐるしく動く仔猫の活発さにも慣れて、ひとりと1匹の暮らしもしっくり馴染んだ頃、祭を保護してくれた人から連絡があった。

「祭くんの妹がいるんだけど、もう1匹どうかしら？」

妹猫は、同胎で生まれ同時期に保護された。「遺伝か、それとも保護される前にカラスにでもやられたか、目が悪い」とのこと。目が悪い。猫の飼育経験は浅く、自信はなかったが、祭の妹が困っていると聞けば放っておくわけにはいかない。それに、地方に出かける仕事もあり、家を空けることが多いから、留守番をさせるには1匹よりも2匹のほうが寂しくないだろう。同じ血を分けたメス猫なら、祭のよき相棒となってくれるのではないかな。

「祭」と名付けられたのは、夏祭りの頃に神社で保護されたから。そして妹は「小夏」と命名された。保護した人が付けた名前をそのまま貰って「さいくん」「こなっちゃん」と呼んだ。

寒い季節になるとくっついて眠り、お互いをなめ合ったりしてとても仲が良かった2匹。だから、仕事で地方にいるときも安心だった。

「信頼できるシッターさんが通ってくれるとしても、祭くんが1匹だったら、やっぱり心配だったと思います。小夏ちゃんを迎えて本当によかったし、猫は1匹で飼うよりも2匹で飼うほうが、何かとスムーズにいくと実感しました」

小夏は、成猫になってからも目が悪いだけでなく病弱。何かと体調を崩し、動物病院通いもしょっちゅう。そのためにどうしても小夏の世話を優先していた。

「先住猫を優先と頭ではわかっていても、つい具合が悪そうな小夏がいたら、やっぱりそちらが気になってしまって。だから、祭くんは寂しかったんだと思います。晩年はすっかり甘えん坊になりました」

小夏の世話をして、そのあと「ごめん、ごめん」と祭のご機嫌をとりながら遊ぶ。そんな日々だったが、小夏は目からくる脳神経の病気になって、闘病の末、亡くなった。11歳。祭と一緒に看病し、そして見送った。

小夏が亡くなって、しばらくはひとりと1匹の生活だったが、数ヶ月後にご縁があって、3匹目の猫を迎えることになった。今度も知り合いが保護した仔猫。アメリカンショートヘアが混ざっているのと、雨の日にやって来たので、アメと名付けた。メスと聞いていたが病院で健康診断をしたところ、なんとオスだった。祭とオス同士、うまくいくかな。

小夏のときに学んだので、今回は先住猫優先を徹底。何をするにも祭を立てた。アメもその空気を察知したのか、祭おじさんを尊重するようになった。アメは仔猫らしく「おじさん、もっと遊んでよー、いっぱい遊ぼうよー」と祭にアピール。同じ温度にはならなかったが、祭もそれなりに付き合って、家じゅうを2匹で馬のように走り回った。

祭は「なめなめ星人」で、来客があると物怖じせずに登場し、お客さんの手などをよくなめていた。小夏といたときは、お互いをなめるのもなめられるのも大好き。しかし、アメには、なめさせるものの自らは決してなめない。

「オス同士のプライドというか、祭なりに、そのへんの上下関係を保っておきたかったんでしょうかねぇ」

猫って案外、自分なりの流儀を持っている。

アメが来て4年経った11月。突然、祭が夜鳴きをするようになった。「も、もしかして、認知症がはじまった？」。あわてて病院に連れていくと、獣医師もやんわりと「そうかもしれませんね」。15歳。年齢的には少し早いような気もしたが、今後、認知症が進んだときのことなどをぼんやりと考え、心構えをした。

翌年1月の末。気がつけば祭の夜鳴きはなくなっていたが、今度は口のまわりがよだれで濡れているようになり、食欲も落ちてきた。「虫歯？」とまた病院に連れて行ったところ、口の中に腫瘍が見つかった。その影響で歯が溶けてしまっていると……。

年齢から考えて、全身麻酔をして手術するのは無理。検査することさえ難しい。でも、たぶん悪性。夜鳴きは、痛くてたまらず鳴いていたのだろう。気づいてやれなかったことが悔やまれた。あのとき、病院でなぜ「口の中も診てください」と言わなかったのか。「突然の夜鳴きには、必ず何か理由がある」、そうあらためて心に刻んだ。かわいそうだが、もう苦痛を取り除く治療しかできない。

5月。常食だったカリカリが次第に食べられなくなり、流動食をシリンジで口の先から流した。流動食のジュレ状から、だんだんスープしか受けつけなくなったが、祭はゴクリと飲み込み、おいしそうに味わっているような表情を見せた。

しかし、野生のどうぶつは自分で食べられなくなったら死んでいくもの。ここまでして食べさせて「ひとりでは生きられなくなった命をいたずらに延ばしていいものか」と悩んだ。友人の中には「どうぶつが病で食べられなくなったら、それは生きながら死んだこと。通院もやめて、命を使いきるまで水だけを飲ませてやればいい」とアドバイスしてくれる人もいた。

「余計なことをしているのかも」と思いながらも、食べさせることをやめられず、点滴に通ったことも。獣医師に「安楽死という選択肢もありますよ」と言われたのも一度や二度ではなかったが、その決断はできず、家で看取る覚悟をした。「1日でも長く一緒にいたい」、そう思ってはいたが、それよりも「祭の命の長さを、私が決めることはできない」という気持ちのほうが強かった。どうすればよかったのか、正解は今もわからない。

仕事で留守にするときは、近所に住む友人に看てもらうことにした。腫瘍は末期となっても、祭は寝たきりにはならず、トイレも自力で行った。この頃から、家の中の5ヶ所くらいのところに佇んでいることが多かった。

「玄関や部屋の隅や物陰、暗くて冷たいところばかり。途方に暮れたような感じでじーっとそこにいるんです」

腫瘍の影響で顔も変形してきて、においも出ていたけれど、祭は生きようとしていた。死ぬことを受け入れて、静かに前向きにそのときを待つ、という感じで。

7月1日。その日も仕事があった。朝、出かける前、祭はピアノ室のピアノのペダルを枕に寝ていたので、「祭くんがつらいときに、ごめんね。行って来るね」と声をかけたら、めずらしく「ニャ〜！」。ケロちゃんには「モウイイヨー」と言っているように聞こえた。

夜遅くに帰宅すると、祭の姿はなかった。気配もない。アメだけがぽつんといる。

「あ、もう死んじゃったのかもしれない」、そう感じ、家じゅうを捜した。よく佇んでいたところから、「最期は水の近くに行く」というから浴室も。でも、見つからなかった。どこにもいなかった。こんなにつらいかくれんぼは、はじめてだ。全身を目にして、捜して捜した。

「もしかして」。思い当たる場所がひらめき確認したら、そこに祭がいた。ピアノ室にあるオルガンの中。オルガンは50年くらい前の箱型のもの。足踏みペダルが出ている穴から箱の中に入り込み、ペダルの脇の空洞になっているところで倒れ込んだ姿勢で亡くなっていた。

この2ヶ月くらい、祭が家じゅうのあちこちを転々としていたのは、死に場所を探していたのだ。暗くて静かで居心地がよくてゆっくり眠りにつけるところ……。闘病に疲れ、体力もなくなっていたのに、ピアノからオルガンまで1・5メートルをひとり歩き、狭い穴をくぐりペダルを越えて、よくこんなところに入ったものだ。

「アメがときどき潜り込んでいた場所でした。でも、祭が入ったことは一度もなかったんです。最期はここで、って、決めたんですね。驚きました」

仕事で留守にすることが多いので、猫たちは猫同士で猫の世界で生きていた。だから本能が残っていたのだろうか。猫が死ぬときに姿を隠すというのは、本当だった。祭と小夏、2匹を見送って思うのは両親のこと。母を病気で亡くしたのは、25歳のとき。若かったこともありじゅうぶんなことをしてやれなかったという思いがあった。父の闘病には寄り添えたけれど、それでも悔やむこともある。

「両親にできなかったことを猫たちにさせてもらったのかもしれませんね」

2匹を精一杯介護したことで、自分自身納得ができた。もっと早く楽にしてやればよかったのかもしれないけれど、祭はがんばって付き合ってくれて、お別れに時間をかけてくれたと感謝している。亡骸は、霊園で荼毘（だび）にふし、お骨はマンションの自室の庭にあるトネリコの木の下に埋めた。できることなら、老衰での旅立ちを見送りたかった。

はじめて迎えた猫だったということもあり、祭を亡くしたショックは大きく深かった。気持ちは沈みがちだったが、アメに慰めてもらいながら3ヶ月。ケロちゃんは、新たな保護猫を迎える決心をした。

「9月末の台風の日に来たんです。台風のような活発なメスの仔猫です」

悲しみのあまりに亡くなった猫に執着してしまう人の話もよく聞くが、できることなら、祭のような行き場のない猫の命をひとつでも多く救いたい。どんな猫でも受け入れたい。自分が一生のうちに向き合える猫の数は、そう多くはないのだから。

「私の場合、一度に飼えるのは2匹が限度かなぁ。そう思うと、年齢を考え、今後、迎えられるのはせいぜいあと1匹か2匹。ならば、条件が揃っているなら、早いほうがいいと思いました」

悲しみは消えないけれど、祭が亡くなったことをちゃんと受け入れ、気持ちの整理をし、そのうえで新しい命を引き受ける。新しい猫に、祭のおもかげは追わない。うちに来てくれた猫たちに、これからも自分の時間を捧げる。野良猫でボランティアに保護してもらった、どこにでもいる猫たちなのに、「この猫でなければだめだった。この猫で本当によかった」、そう思えるのは、しあわせなことだ。

父が生きていたら、きっと猫の「ね」の字も言い出せなかった。草葉の陰で「うちに猫がいるなんて！」とさぞ憤慨していることだろう。祭を迎えたとき、新しくはじまる暮らしへの期待と心地よい緊張はあったが、「念願の」などという気持ちの昂り(たかぶ)はなかった。だから「こんなにも猫好きになるなんて」と、今の自分に自分が一番驚いている。もう猫がいない生活は考えられない。

お疲れさま、ありがとう

チャコ　17歳・メス（ラブラドールレトリーバー）

分部裕子さんとは、友人を通してツイッター上で知り合った。歌舞伎や文楽、落語など、趣味が近いことからSNS上で会話を交わすこともあり、舞台のチケットを取ってもらったこともある。裕子さんは夫と娘の3人家族。知り合うより前から、黒いラブラドールレトリーバーのメス・チャコと暮らしていた。

8年ほど前からの付き合いだけれど、実際にお会いしたのは今回がはじめて。なのに、お互いのいろいろなことを知っていて、親しみもある。なんとなく不思議な感じ。

「チャコの介護のことは、人に話したこと、あまりないんです。いまだ自分でも消化しきれていない部分もあって。ああすればよかった、こうすればよかったと、後悔を探しては数えてしまって、つらいんです」

裕子さんはゆっくりていねいに、言葉を選びながら話をはじめた。

娘が「犬を飼いたい」と言い出したのは小学1年生のとき。盲導犬と全国を旅した経験を綴った、福沢美和さんの『フロックスはわたしの目　盲導犬と歩んだ十二年』を学校で借りて読んだことがきっかけだった。裕子さんも犬好きだったので、「この子がもう少し大きくなったら、タイミングを見ていつか……」と思った。裕子さんはトイプードルかビーグルくらいのサイズの犬をイメージしていたが、娘が飼いたいと切望したのはラブラドールレトリーバー。

当時、マンションに住んでいたこともあり「犬を飼うとしても、大型犬は無理かもね」と言い聞かせてはいたけれど、ラブラドール以外の犬では娘は納得しないかもしれない。この生活環境で大丈夫かな……と、なかなか踏み出せないでいた。

それがにわかに現実味を帯びてきたのは、娘が塾に、当時流行していたブランド「ラブラドールリトリーバー」のイラストが描かれたトレーナーを着て行ったとき。クラスメイトのひとりが「あ、これと同じ犬、うちにいるよ！」と、声をかけてきた。そして、その友だちの家に遊びに行き、ラブラドールとはじめてふれ合った。裕子さんの迷いは「マンションでラブラドールと暮らせるのか」から「どうやったらよい犬にめぐり合えるのか」になり、考え、調べ、選んだ。「犬が苦手」と言っていた夫も、盛り上がる裕子さんと娘に「反対」とは言えず、犬を迎えることを了承。茨城のブリーダーからチャコを迎えたとき、娘は小学5年生。黒いラブラドールが登場する、郡司ななえさんの『ベルナのしっぽ』も愛読していたのでとても喜んだ。

裕子さんはスポーツをはじめるときもスクールに通い基本から習うタイプ。何ごとにもじっくり向き合い、力を注ぐ。チャコのしつけにも熱心だった。

「今となっては、頭が固かったなと思いますが、チャコが仔犬の頃から、トレーナーさんをつけてトレーニングをしていました。チャコとしては、お兄さんが来て遊んでくれるって感じで、楽しい時間だったでしょうけど」

一時は、ジャパンケネルクラブの家庭犬チャンピオンを目指していたこともあり、家でも、どこかに連れて行っても「いい子、いい子」とほめられた。夫の母が北海道から遊びに来たときも、「犬が苦手なあの子が犬と暮らしているなんてね。チャコはかわいくていい子だから、一緒にいられるんだね」と言ってもらえて、うれしかった。

チャコが4歳のとき、肥満脂肪腫が見つかり手術を受けた。多発性で再発すると言われ、しばらくするとまたひとつ……。

「『切られ与三郎』じゃないですけど、チャコの手術の傷は30ヶ所はくだりません」

贔屓の片岡仁左衛門の当たり役、好きな歌舞伎の演目を出して、裕子さんは言う。

ブラッシングしながら、新たに脂肪腫ができていないかを調べるのが日課になった。被毛を逆立てて、手に神経を集中させて注意深く撫でた。

「よくこんなに小さいのを見つけるねぇ、って、獣医の先生に感心されたこともあります」

チャコが肥満脂肪腫の手術を最後に受けたのは13歳のとき。13歳でもまだまだ元気で、体力もあったので全身麻酔で手術をすることに。

「だから、亡くなるとしたら原因は肥満脂肪腫かな、って思っていたんですよね」

裕子さんの予想ははずれた。

11歳のときには心臓の病気も見つかり、生涯、血液の流れをよくする心臓の薬を飲み続けることになった。それでも散歩を楽しみ、よく食べよく眠る、かわいくていい子だったチャコ。

「様子がおかしいな」、そう気づいたのは、チャコが16歳になる少し前のこと。洗面所で立ちすくんでぼ～っとしていたり、「ここから先はNOよ」と言って聞かせ、今までは守られていたところに入って行ったり、「しつけがだんだんに崩れてきた」と実感。今まで一度もなかったトイレの失敗をするようになったのもこの頃だ。

「認知症の症状でした。昨日までできていたことが、今日できなくなっていたり、戸惑うことばかりでしたね。でも、まだ表情がありました。うれしい、困ったなど感情はあるのでしょうけど、次第に顔に表れなくなって、それは寂しいことでした」

徘徊もだんだん激しくなった。

「つらかったのは、食糞です。我が家はカウンターキッチンなのですが、リビングからはカウンターの奥が見えません。チャコが何か食べているような音がするな、って思ってキッチンに見に行くと、自分で出したものを口に入れて食べていました。言葉にならないくらいショックでしたね」

衝撃は大きく、身体が固まってしまったが、食べるのをやめさせなくては。裕子さんは口の中に手を入れて糞を取り出そうとしたが、チャコは「大切なものを取られてなるものか」と睨み、彼女の手を咬んだ。手に犬歯の跡が残るくらいの咬み方。そのときの怒りに満ちた目、全身に意思を込めたような激しさ、強さ。

「こんな力がまだ残っていたなんて」

驚き、受けたショックは裕子さんの心と身体に刻まれた。

外にも散歩に出ていたが、脚腰も弱くなってきていたので、後ろ脚を引きずるようになり、足の甲を擦ってしまって出血。靴下や靴を履かせた。

「犬に靴を履かせるって、肉球を保護するためかと思っていましたが、こんな用途もあったなんてと驚きました」

そして、17歳。チャコは寝たきりになった。老化が進んでいるのは悲しかったけれど、「動き回られるよりは、楽になれると思ったのも事実です」。寝たきりだから、褥瘡ができないように2時間おきに体位を変えたり、食餌のときに食べやすいように身体を支えたり。チャコとベッドの周囲だけに集中できるので、裕子さんの体力的な疲労は減った。

二世帯住宅で、2階と3階に住んでいた裕子さん家族。散歩のつど、20キロ以上あるチャコをひとりで抱えて階段を降りることは無理。チャコ自身が自力で立てなくなってしまったことと、暑い夏だったので深夜にならないと散歩ができなかったことで「外に出すのはもういいかな」と判断した。散歩をしなくなってから、本当にあっという間にチャコの下半身は痩せ衰えた。

「散歩を最後まであきらめずに続けていたら、また状況が変わっていたのかもしれません。でも、あのときの私にはもう無理だったんです」

それまで外でしていたトイレも家の中ですることに。リビングには塩ビシートを敷き、サークルを置いて「何があってもいいように、何かあったら対処がしやすいように」と整えた。大型犬の排泄は、思っていた以上に量がものすごく、想定外のこと続き。

「新聞紙大のトイレシートの吸い込むスピードが、チャコの排泄に間に合わないんです。だから、おしっこ浸水はしょっちゅう。何かの拍子にうんちを踏んで、部屋中うんちだらけなんてこともめずらしくありませんでした」

裕子さんには、夫に対する「ごめんなさい」という気持ちが今もある。チャコは裕子さんの夫が大好きで、姿を見るとそれだけでうれしくてバタバタと動こうとする。動けないのに上半身だけで無理に動こうとするので、ベッドから落ち、滑って転んでしまったり、家具にぶつかってしまい、そのつど大騒動となった。チャコに興奮をさせない策として、できるだけチャコと夫を会わせないようにした。そのため、夫とは家庭内別居のような状態に。

「チャコは主にリビングにいて、私もつきっきりでしたので、主人は会社から帰宅したらそのまま3階の自室へ。夕食も私が部屋まで運び、チャコの介護がはじまってからは、家族3人で食卓を囲むことも、リビングでだんらんすることもありませんでした」

夫は「ずっと続くわけでもないし、仕方のないことだから気にしなくていいよ」、そう言ってくれたけれど、家族のバランスが崩れ、家庭生活が成り立たなくなっていくのがつらかった。

「家庭が第一のはずなのに、今の状態は何か違うな、嫌だな。主人に申し訳ないな」と、もやもやした気持ちを抱えての介護。「これ、いつまで続くのかな、とか口にはしなかったけれど、海外だったら安楽死案件かもね、なんてことは言ったりしていましたね。一段一段上っていた階段が、足元から音を立てて崩れていくような、そんな毎日だったんです」。もう限界だった。

しかし、周囲の人は「チャコちゃん、長生きですごいわね」「うらやましいわ」と口々に讃えてくれる。ペットと暮らしている人なら「うちの子にはできるだけ長生きしてほしい」と思うだろう。それは裕子さんにも理解できる。それがゆえ、現状のつらさを誰にも吐露できなかった。楽しいはずの犬との暮らし、そのおしまいにこんなに大変なことが待っていたなんて。「私はなんて甘かったのだろう」、裕子さんは、どんどん苦悩を深めた。

「犬を飼うことを、簡単に考えすぎていたんですよね。チャコを見送ったら、盲導犬をリタイアした犬の世話をしたいとか、そんなことをイメージしていましたが、こんな私がそんなこと考えて、なんて甘かったんだろうと、自分を責めて。わかったつもりでいたけど、なにもわかってなかったんですよ」

亡くなる2日前には呼吸も荒くなり「いよいよかな」と予感した。

「正直なところ、やっとこのときが来たかな、と思いました」

でも、そう思ってしまう自分が情けなく、チャコに心の中で何度も「ごめんね」と詫びた。

赤のタータン柄のブランケットが敷かれたベッドに横たわるチャコ。心臓が止まり、息もしていないチャコの顔はおだやかだった。あの壮絶な介護が嘘のよう。裕子さんはチャコに声をかけた。

「チャコ、お疲れさま、ありがとう。大好きだよ」


「今回、お話ししながら気づいたことがあります」。それは「チャコはいい子」という呪縛が彼女自身を苦しめたこと。介護しながら「あんないい子だったチャコが、なぜこんなことになってしまうの？」、そんな思いでばかりいたけれど、そこを取り払うことができていたら、現実を素直に受け止め、目の前のチャコをもっと愛おしく思えていたかもしれない。


それともうひとつ。通常、黒いラブラドールは10歳前後から白髪が混ざるが、チャコにはそれがなかった。

「おばあちゃんになってもチャコの被毛はつやつや、黒いまま。外見は以前と何も変わっていないのに、なんでぼけちゃってるの？と。見た目と現実のギャップも、事実を受け入れにくくしていたのかもしれません。美魔女って、罪ですね」

チャコが亡くなって2年、裕子さんは新たな一歩を踏み出せないままでいるけれど、やっと最近、肩の力みが少し抜けてきた。

今、あらためて思うのは、夫や娘、犬、友だちや趣味の仲間への感謝。

「行き場のない不安を、決してひとりで抱え込まないようにしてくれたおかげで、チャコを見送ることができました」

自分の軸を戻してくれる存在だった

にゃん　25歳・メス（雑種猫）

前出（P.87）の横山夫妻のお宅へお邪魔して、取材後に少しおしゃべりをしていたら、妻の律子さんが唐突に言った。

「そうだ！　石黒さん、猿田さんにお話を聞いたらいいんじゃないかしら」

ん？　猿田、さん？　詳しく伺うと、猿田さんは夫妻共通の知人で、愛猫家。しかも20歳をはるかに超えた猫の飼い主。1年ほど前に、猫を連れてご夫妻で東京から故郷の北九州に戻られたとか。

「どうご紹介したらいいかしら。まずはフェイスブックでつながるように、猿田さんに石黒さんのことを伝えておきますね」

律子さんに親切にしていただいて、猿田さんと私は無事に連絡を取り合うことができた。

猿田さんを知った頃、フェイスブックでの彼の投稿は「猫を亡くして悲しい、寂しい……」。投稿の文末には「もっと元気を出さないと、にゃんに怒られちゃうなぁ……。こんな弱い父ちゃんでごめんね、にゃん」。少し前に、愛猫を亡くされていた。猿田さんの愛猫、名前はにゃん、享年25歳。に、にじゅう、ござい……。

「仔猫いりませんか」、東京・千代田区にあるゲーム制作会社に勤務していた猿田さんが、ふと見つけた貼り紙。あまり気にもしていなかったが、会社の後輩から「一緒に見に行ってみない？」と誘われ、その日の帰り道、ふらりとついて行くことになった。

貼り紙が貼られていた事務所はもう終業していたが、近所の人が声をかけてくれた。「仔猫を見たいの？」。夜間はその人が猫を預かっているそうで「今、連れて来るね」。そして「はい、どうぞ！」と胸元に差し出してくれた。その仔猫が、にゃん。出会いは、そんなひょんなことだった。

ふわふわであたたかい小さな三毛猫が、つぶらな大きな瞳でこちらを見ている。胸に抱いたとき、今まで感じたことがないような気持ちになった。猫を飼ったこともなければ、抱いたことすらはじめて。冷静な自分に戻ると「飼うのは無理」と思ったが、仔猫があまりにもかわいく、そのかわいさに抗（あらが）えずに引き取ることを決意した。「事務所の人には明日言っておくから、連れて帰っていいよ」と言われたので、そのまま自宅に連れて帰った。朝には思いもしなかった展開に、我ながら驚いたが、人生は案外こんなものなのかもしれない。

当時28歳。独身で、勤務していた会社が寮として借り上げていたワンルームマンション住まい。もちろんペットは禁止。「だから、徹底的に隠して飼っていました」。ゲーム開発の仕事だったので残業も多く、まだ仔猫だったにゃんには寂しい思いをさせた。

にゃんと暮らすようになってしばらくした頃「あれ？」と不思議なことに思い至った。にゃんはまったくうんちをしていない。トイレで力んではいるものの、まったく出ていない。猫初心者でもさすがに気づき、動物病院へ。獣医師に「僕はおなかを押すから、あなたは出てくるうんちを引き抜いて！」と言われ、素手のまま、夢中でうんちを摑んで出したことが、猫と暮らすようになってはじめての衝撃。

うんちが自分で出せない原因は、腰の骨が折れているからだと判明。え、腰の骨が……？

「このままでは生きても3ヶ月でしょう」と言われたが、とてもよい先生で、あれこれ手を尽くしてくれて、通院しているうちに、自然とよい具合に骨が付いた。奇跡だったと思う。

寮では、にゃんの鳴き声には気を遣っていたが、ある日、あまりにも鳴くので腹を立て、捨ててしまおうと道端に置き去りにしたことも。しかし、すぐに「これはしてはいけないことだ、自分はなんてひどいことをしたのだ」と思い返し、急いで戻ったところ、にゃんは置かれた場所にじっと佇んでいた。あのときのにゃんの顔は一生忘れられない。若き日の未熟な自分につくづく嫌気がさすが、このときの苦い思いが、その後の学びとなっている。

「どうぶつは一度飼ったら最期まで責任を持つこと。最期までしあわせにすること」

にゃんと暮らして10年が過ぎた頃、猿田さんは結婚。それまで、にゃんは外との接触もなく暮らしてきたので、臆病で人見知り。新しい家族となった奥さんにビクビクしていたが、奥さんは怯まずににゃんを抱きかかえる。そのうちににゃんも奥さんのペースにはまり、ふたりと1匹の生活はにぎやかで楽しい毎日となった。

15歳で腎不全発症。一時は入院しての治療が必要なほどだったが、なんとか持ち直し、それからは完治しないが悪化することもなく。

生涯、体重4キロ前後をキープした身体だったが、よく食べる猫だった。食餌にも特に気を配っていたわけではないが、カリカリとソフトタイプを併用。1日に2食などと決めずに「食餌の量や回数も、にゃんが好きなときに好きなだけ食べられるようにしていました」。その環境がにゃんを安心させていたのかもしれない。できるだけ好きなように、放任ではないが自然に過ごさせたいと思っていた。やたらに触ったり行動を制限したりしないほうが、猫もリラックスして暮らせるのではないか。

仔猫時代の腰の骨折が響いていたのか、晩年、少し足元がふらつくことがあったが、にゃんは、老猫なりに健康状態も保ちおだやかな晩年を過ごした。24歳で飛行機に乗り、東京から北九州へ。獣医師にも心配されたが無事に引っ越し、新しい生活にも慣れて落ちつき、25歳の誕生日も無事に迎えた。

　その夏のはじめ、にゃんの呼吸が荒くなっていることに気づき、急いで病院へ連れて行ったら、「肺全体が炎症を起こし、すでに手遅れ」だと告げられた。「あと1週間持つかどうか……」。酸素吸入器を購入し、家に小さな酸素室を作り、その中でにゃんを看病していたが、3日後に急変。病院へ急行したときにはその場での安楽死か、看取り覚悟で自宅に連れ帰るかの選択を余儀なくされた。

　そして、自宅に連れて帰ってから2時間後、にゃんは急に起き上がって数歩歩いてから倒れ、全身を痙攣させ苦しそうにして亡くなった。あまりにも急なことで、抱き上げることすら思い浮かばず、床に臥(ふ)したままで死なせてしまった。

　25年間、ずっとそばにいた。人生の半分近く一緒だったから、もう身体の一部のようでもあった。自分がつらいときにはただそばにいてくれて、周囲の影響を受けて、流されぶれそうになった自分の軸をちゃんと戻してくれる存在だった。悩み多き若いときからずっとずっとそうだった。

　仔猫をもらって、自分が猫を育てたような気持ちでいたが、猫が自分を育ててくれたのが真実だ。にゃんがいたから、人にもどうぶつにも深い愛情を持てる人間になれたと思う。

猫に寿命があるのはもちろんわかっていたけれど、「目の前からいなくなる日が来る」のは理解ができていなかった。人生で一番泣いた。泣き続けた。にゃんがいるあたりまえが、あたりまえでないと知ったとき、その悲しさとむなしさは、これまでに経験したことのないものだった。

にゃんを亡くしても、「まだどこかにいるのではないか」と捜してしまう日々。あの日「余命1週間」と宣告を受けても、セカンドオピニオンを求めたら別の道があったかもしれない。異変になぜもっと早く気づけなかったのか。好きなものをもっと食べさせてやりたかった。そんなことばかりを考えた。

「できるだけ早く新しい家族（猫）を迎えたほうがいい」とアドバイスをくれる友人知人が少なくなかったが、もう二度と同じような悲しい思いはしたくない。にゃんを失った絶望、心の傷が癒えるとは思えない……。

そんな気持ちのまま、石川・金沢市へ結婚後はじめてのひとり旅をした。金沢は美術大学での学生時代を過ごした街、自分の原点を見つめ直す旅にしたかった。

そこで、恩師と再会。30年以上前のあの頃と変わらず、情熱を持って学生を指導している先生の姿に触れたとき、「あぁ、これでいいんだな。自分が好きなことは変えなくてもいいんだ。また同じでもいいんだな」と気づき、心がやわらいだ。にゃんが亡くなってから時間を止め、何に対しても後ろ向きになっていた自分をそこでやっと、客観視することができた。

にゃんが旅立って3ヶ月、旅から戻ったあと。奥さんに背中を押され、「目の保養に」と覗いた保護猫譲渡会で、亡きにゃんにそっくりな三毛の仔猫に出会った。家猫として迎え、こはくと命名しかわいがっていたが、先天性の深刻な持病が見つかり……。紆余曲折あって、奇跡的に快方に向かい、最近、やっと平常に戻ってきたところ。

いつか、こはくに、にゃんの話をしてやりたい。

「にゃんはね、20歳を過ぎて1年ぶりに動物病院に行ったらね、先生が『え、まだ生きてたの！』って感じの反応で、おもしろかったんだよ」

人には成人式があるけれど、こはくが20歳になったら「成にゃん式」をしよう。

「生きようとしている」ことがうれしかった

たつのすけ　18歳・オス（柴犬）

２０１８年の夏、ツイッターに気になるつぶやきを見つけた。
「あたりまえだった日常が、気づいたときには永遠に失われている。」
この言葉を発信したのはツイッターのアカウント名・たつさん。たつのすけという18歳になる柴犬の飼い主。たつのすけが体調を崩し、予断を許さない状況にいるようだ。とても気にかかり、それからはずっとツイートを追っていたが、たつのすけは10月9日に亡くなった。
つらい状況の中、感情を抑えて綴るつぶやきに心動かされ、「たつさんにお会いしてみたいな」と思った。たつさんとたつのすけのことを本に書かせてもらえないだろうか。しかし、最愛のたつのすけを亡くされたばかりのたつさんに声をかけるのは申し訳ない気もして、思い立ってはあきらめて……。逡巡を繰り返してもやっぱりあきらめきれず、「えいっ」とダイレクトメールを出した。「今日は、たつのすけの四十九日です。」というつぶやきを見てから少し過ぎた頃のこと。

「お話しするようなことはないのですけれど、それでもよろしければお会いすることは構いません。ご質問にはできるだけお答えします」

高齢のペットを見送った方の体験をまとめて書籍を出す予定があることを伝え、できればたつさんにもお会いしてお話を伺いたいという私の申し出に、「本名は伏せ、たつのすけのことだけを話す」ことを条件に会ってもらえることになった。

SNSで知った人に直接連絡し取材をすることなど、私ははじめて。我ながらぶしつけで大胆なことだ。たつのすけが柴犬だったので、センパイ（私の愛犬）と自分が向かう道を無意識に重ねていたのかもしれない。たつさんは、仕事のあと、待ち合わせ場所に約束の時間きっかりにいらっしゃった。

「たつ」のアカウント名でツイートをはじめたのは、たつのすけが17歳になった頃。「たつのすけのことを記録し、彼の存在を残しておきたい」と思って。それと、老犬についての情報を集めたかったから。状況判断しながら動く機敏な犬だったたつのすけが、これまであたりまえにできていたことができなくなってきた。加齢とともに変化しているが、「これって老化？　それとも病気？」と悩むことが増えてきた頃だった。

ツイッターをはじめてわかってきたのは「たつのすけは年齢のわりには、すごく元気なんだ」ということ。そして、犬の老化とはどんなものなのか、どんな段階を踏んでいくのかも理解できるようになった。それによって、気持ちにも余裕が持てるようになり、救われた。

あるとき、「#秘密結社老犬倶楽部」というハッシュタグを見つけた。老犬と暮らす人たちが犬との日々についてつぶやいている。そこで自分も「#秘密結社老犬倶楽部」とハッシュタグを付けてツイート。それを機に、同じ境遇にいる人や経験した人たちとつながり、フォロワー同士でやり取りすることも増えた。具体的なアドバイスや励ましはありがたく、たつのすけが旅立ってからも支えられている。

実家にも柴犬がいたし、大人になってからも「犬のいる生活がしたい」と思っていたたつさん。そこで、19年前に犬を迎えることを前提に引っ越しをした。間もなくペットショップをしている知人から「島根で柴犬のいい子が生まれたらしいのだけど、欲しい？」と聞かれたとき、「欲しい！」と即答。何も考えていなかったというか、「いい子」という紹介者の言葉を信じて疑わなかったというか。写真も見ずに、毛色も性別も、性格や健康状態も確認しないままの決断だった。

やって来たのは、鼻筋の通った顔立ちで、生後2ヶ月にしては大人っぽい仔犬。友人には「日本犬なのに、イギリス人みたいね」と言われた。来てしばらくは条虫が見つかったり、アレルギーで顔の毛が抜けたりしたが、やがて健康状態も落ちついた。そして、犬がいる暮らしにも慣れてきた頃「この子にしてやれるのは何だろう」と考え、出した答えは「健康を維持させること」。それには「たくさん散歩をしてしっかりした脚腰を作り、保つ。アレルギーもあるので、余計なものは食べさせず、きちんとしたものをきちんと食べさせる」。

たつさんとたつのすけは、よく散歩をした。雨の日も風の日も。平日は仕事があるので朝夕2回の15分〜1時間ほどを歩く程度だったが、休日には10キロを超えることもめずらしくなかった。川沿いを歩いたり、少しアップダウンのある小径を行ったり。

「今日の1回の散歩が未来の1歩につながる」と、毎日の実行を自分に誓った。

「太っちゃだめよ。歩くのが大変になるから。いつまでも自分の脚で歩くのよ。歩けなくなったら、たっちゃん自身が大変だからね」と言っていたからか、たつのすけ自身も歩く気力はまんまん。記録に挑むアスリートのように淡々と寡黙に歩き続けるのがたつのすけのスタイル。歩くスピードも速かった。

たつさんご夫妻は共働きなので、たつのすけは仔犬のときから平日は1匹で留守番。決められたことを守り、自分のことは人に頼らず自分でやる、そんな強さのある犬になった。

「丈夫な身体や充実した気力は、生まれ持った性質だったと思います。その強さに助けられた部分もありました」

「18歳半近くを生ききってくれたことで、自分がやってきたこともまんざら間違っていなかったのかな、と思えます」

睾丸に腫瘍ができたのは14歳。宣告を受けたときには年齢からすれば手術は無理とあきらめた。「緩和ケアを受けながらゆるやかな日々を」とだけ考えていたが、かかりつけの獣医師に、「14歳ですが、たつのすけくんなら手術に耐えられるはずです。手術が成功すれば、17歳までは生きられると思いますよ」と提案され、手術を受けた。腫瘍は良性だったが、結果的にこのときの選択も間違いではなかったと思える。

14歳で全身麻酔と手術に耐え、完全復活したたつのすけ。その後も変わらぬ日々を送り、歩調はややゆっくりにはなってきたけれど、健脚も衰えず。18歳になってからも散歩に出て、階段も上った。帰宅すると玄関に倒れ込むようなことがあったが、途中で座り込むことなど一度もなく、まるで義務のように「散歩に出たら自分の脚で歩く」という意志を見せた。

異変が起きたのは2018年7月末。夜、食餌をしてしばらくしたとき、突然苦しそうに暴れ出し走り回っては、吐いた。吐血もありショック状態、口からは吐ききれなかった粘膜のようなものを垂れ下げている。すぐにタクシーを呼び、たつのすけを抱えて、少し離れたところにある動物救急センターへ。

診断は「胃拡張」。加齢により、食べたものを消化しにくくなり、胃に食べ物が残り発酵。ガスが出て胃が膨れてしまっている。それにより他の内臓も圧迫されての吐血、胃捻転も起こしかねない状態。とりあえず、胃のガスを抜く措置をして落ちつかせた。

予断を許さない状態で入院を勧められたが、このときはもう明け方で、数時間後にはかかりつけの動物病院へ行ける時間になることもあり、自宅に連れ帰った。「たつのすけが目覚めたときに、知らない場所で知らない人たちに囲まれていたら、どんな気持ちになるか」、そう考えたら「とりあえず入院」などと曖昧(あいまい)なことはしたくなかった。

8月に入ってからは、かかりつけの獣医師に「あと1週間」と余命宣告を受けた。胃拡張の症状は治まったものの食欲は戻らず、老化が急激に進んだ。

点滴などで無理に栄養を送り込むことはしたくない。あくまでもたつのすけの意志を尊重したかった。当時のたつのすけからは、食欲の有無を測ることは難しく、「目を覚ましているな」と感じたときには、流動食をのせたスプーンを口元まで運んだ。

「もし、たつのすけがおなかを空かせていて、それに気づかなかったらかわいそうなので」

獣医師の診断では、命も今日か明日までというときのこと。眠っていたけれど、ふと目を覚まし意識をこちらに向けているような気がしたので、「食べる？」と、食餌を口元に持っていき、ゆっくりと口に入れたら、たつのすけはそれを飲み込んだ。奇跡のひとくち。たつのすけが「生きようとしている」ことがうれしかった。

その後も、平日は1匹で留守番をしていたたつのすけ。だから、帰宅時の電車の乗り換えではいつも駆け足。タイムトライアル状態で、「たっちゃん、もうすぐ帰るからね、もうすぐだからね」と心の中でつぶやきながら。


その日も走って帰り、息をはずませながらたつのすけの枕元にたどりついたが、たつのすけは、もう息をしていなかった。眠っているかのようにも見え、触るとまだ温かく、でも死後硬直もはじまっていて。どこかで覚悟はしていたけれど、まさかその日が今日だったとは。

もっとゆっくり逝くものだと、願いも込めて信じていた。じわじわと時間をかけて旅立ちの心構えをし、寄り添って介護して……。胃拡張で倒れてから3ヶ月たらず、あっという間で頭と心がついていかない。

亡くなる前夜は、添い寝しながらたつのすけの寝息を聞いていた。それは、かたちを持っているように感じられたほどのはっきりとした深い呼吸。

「亡くなる前に呼吸が変わると知ってはいたけれど、そのときは結びつかなかった」

棺には、たつのすけがおなかが空いたときのためにお弁当を入れた。いつものカリカリとペースト。鶏のささみ、さつまいも。


たつのすけが逝ってしまってからは、ひとりでいるときはひたすら泣いていた。通勤の電車の中でも、外食をしているときでも。「悲しいのは当たり前、泣くことを我慢しなくていい」というのは、ツイッターで教えてもらったこと。

亡くなるまでの3ヶ月、自分で立とうとしては転び、外傷もできていたたつのすけ。歩こうとするも力が入らず、足の甲を擦り剝き出血。血のサークルができていたこともあったが、それでもワセリンを塗ったり治療をしたりすると、傷はみるみる治っていった。「こんなに弱っていても治癒力があることに驚きました」。亡くなったとき、顔や身体にできた外傷はほとんど治っていて、こんなに治癒力があるのに死んでしまうのはなぜ？　とも。

たつのすけに食べさせるために、小分けに冷凍していた鶏のささみをまとめて全部茹でて食べた。四十九日には散歩コースを、たつのすけと一緒に歩いているつもりでたどった。17年間お世話になった動物病院のＨＰもＰＣのブラウザ登録から消した。ひとつ、ひとつ、ゆっくりと整理をつけている……。

たつのすけは、犬である前にたつのすけ。「犬と暮らしたい」と思って迎えたけれど、いつの頃からか「たつのすけ」と暮らしていた。今、たつのすけがいないのが信じられない。なんでいないんだろう。

ツイッターのハッシュタグは「＃秘密結社老犬倶楽部天国支部」となった。

大好きだったよ、これからも大好きだよ

カプチーノ　19歳・オス（雑種猫）

空には中秋の月、ＪＲの駅周辺の喧噪を抜け、神社や公園などの緑に囲まれたマンションへ。夫と東京・日本橋でイタリアン食堂を営む小澤理恵さんを訪ねた。「祝日で定休日でもあるのでゆっくり話ができるかも」そう言って、ご自宅に呼んでくださった。

理恵さんとは共通の友人を介して知り合い、年に何度か句会でご一緒する機会がある。会うとお互いに愛猫の近況を報告し合っていたが、小澤家の猫・カプチーノは、２０１８年の春に亡くなった。享年19歳。

「今思えば、カプ（カプチーノのこと）との出会いは、絶妙なタイミングだったのよ」

料理人の夫がお店を開業することになったとき、経済的なことを考え、夫の祖父母が住んでいた家に引っ越すことになった。結婚して間もなくの20年前のこと。

馴染みのない町、慣れない場所で新しい生活をはじめるのが心細くて、あまり乗り気にはなれなかったが、「あの家でなら猫を飼えるかもしれない！」。そう考え、自分の気持ちを盛り上げた。

故郷の熊本から大学進学のために上京。もともとどうぶつ好き。「猫と暮らしたい」、そう思っていたけれど、なかなか住宅事情が許さなかった。でも、今度の家は庭のある一戸建て。あそこでなら猫が飼える……。

引っ越して、やっと落ちついた休日。夫の両親、兄弟家族を招いてバーベキューをした。「猫を飼いたいと思っているんです」、そんなおしゃべりをしながら飲んだり食べたり。お開きとなってみんなが帰ってすぐ、義兄家族から電話があった。「〝猫差し上げます〟のチラシを見つけたよ！　連絡してみたら？」。家から駅までの帰り道、電柱に貼られていたそうだ。

チラシの主はひとり暮らしの若い男性だった。飼い猫が子どもを産んでしまったので、里親を募集しているとのこと。仔猫を見せてもらいに訪ねて、部屋に入った理恵さんたちのもとへ一番早く、一番元気に寄って来た仔猫を譲渡してもらうことにした。

「まだ生まれたばかりだから、もうしばらく母猫と兄弟たちと一緒にいたほうがいいと思います」と男性は言い、受け渡しは1ヶ月後と決まった。


理恵さんのもとへやって来たのは、生後2ヶ月の茶トラ。ふわふわな泡のような白と、ミルクコーヒー色の縞模様だったので、名前はカプチーノ。やんちゃで気が強いけれど、母猫や兄弟たちとたっぷり過ごしたためか、落ちつきのある少年猫になっていた。

「結局、あの家には1年しか住まなかったんです。家賃を安くしてもらって助かっていたけど、通勤が過酷で、気分転換できる環境でもなくストレスが溜まりました。でも、あそこに住んでいなかったら、猫を飼うチャンスはずっとなかったと思うんです。だから、カプと出会うための引っ越しだったのかな、という気もします」

夫婦と猫の生活は、それから19年間続くことになる。日本橋のお店まで、地下鉄1

本で通える町に暮らし、毎日夫婦で出勤。カプチーノは、いい子で留守を守ってくれる留守番猫となった。

夜は、帰宅の気配を察し、玄関で待っているカプ。ドアを開けると「待ちかねたー！」という顔で、寝転がりおなかを見せて、ニャーニャーと甘えた。

理恵さんは夫婦でよく旅に出た。

「国内なら2〜3日、料理の勉強も兼ねてイタリアやスペインなどにも数回行きました」

ペットを飼っている家庭にしては、身軽な旅人たち。それはとてもよいキャットシッターさんに出会えたからこそできた。

はじめの何度かは、夫の実家に預かってもらっていたけれど、そこにも犬と猫がいて、カプは緊張して過ごしている様子。預けに行くのに電車で1時間以上かかることもあり、次第に、キャットシッターを派遣してくれる会社に頼むようになった。

旅から帰って来ると、カプはふてくされて、ちょっと距離を置くような素振りを見せた。

「玄関にも迎えに来ないし、明らかに〝ボクを置いて、おまえらだけでどこに行って来たんだよぅ〟って感じ。とはいえ、半日も経てば膝に乗ってきて、いつものカプに戻るんだけど」

あるとき、2泊の旅を終え夫婦で帰宅すると、カプはか細く「ニャ〜」と鳴きながら玄関に出て来た。衰弱しているようで、いつもと様子が違う。家の中を確認すると、水もフードもなくなり、トイレシートも出かけたときのまま。

「信じ難いことですが、頼んでおいたキャットシッター会社に忘れられていたんです……」

それからは、あれこれ手を尽くし、ネットで検索して個人でやっているキャットシッターさんに出会った。

「〝今はこんなふうに過ごしてます〟と、動画や写メを送ってくれたり、旅先に届くレポートも愛にあふれた内容でした。カプもその方が大好きで。本当に信頼できるシッターさんでした」

このシッターさんに来てもらうようになってから、旅から戻ったときのならわしになっていたカプの「そっけないタイム」がなくなった。仕事から帰ったときに迎えてくれるのと同じテンションで、元気に機嫌よく出迎えてくれる。「カプ自身が我慢も嫌な思いもなく、リラックスして過ごせているという表れ」と理恵さんはうれしかった。

12歳の頃、脊椎の病気をしたカプ。鎮痛薬が効いて痛みが長引かなかったので、通院は一度だけだったが、病院での暴れようは大変なもの。獣医師に、「これでは診察もできませんから、今後は通院の機会がなくて済むよう、じゅうぶん留意してあげてくださいね」、そう言い渡された。以後、食餌を中心に健康管理には気を配った。おかげでずっと健康そのもの。

「あれ？　ちょっと様子がおかしいかな」

痩せてもいないし見た目は変わりないけれど、食べなくなり、トイレもしない。ベッドから出てこなくなったカプを病院に連れて行ったのは、亡くなる1週間ほど前。さすがに、このときはおとなしく受診した。

検査の結果「心臓や腎臓など、いろいろな数値が軒並み下がっている」と獣医師。「どこかが悪いというよりは、全部がよくないです。でも血圧が正常なのが救い」と。少しずつでも改善するよう治療をしながら様子を見ることになった。

「朝、お店に出勤して、ランチ営業が終わったらいったん帰宅してカプを連れて動物病院へ。点滴や注射をしてもらい、そのあと夜の営業に間に合うようにお店に戻る毎日でした。大変だったけど、できることを精一杯やろうと決めていたから、苦ではなかったです」

彼女がそんなふうに向き合えたのには理由があった。

理恵さんは2年前に母を亡くした。２０１６年春、熊本地震のときに、両親が暮らしていた熊本市内のマンションが半壊となり、取り壊しに。それに伴い両親の避難、転居と慌ただしく過ごした夏の終わり、母に胃がんが見つかった。末期で手のほどこしようがなかった。

余命宣告があってほどなく、理恵さんは夫と熊本に帰り、2週間ほど両親と過ごした。

「夫がね、店を休んで熊本に行こうと言ってくれたんですよ」

自営業だから、店を休めば収入がなくなるわけで、それは勇気がいることだけど、「行かないと後悔する」と、迷いを振り切り、思いきっての長期帰省。

食欲がなくなっている母が食べられそうなものを作ったり、行きたい場所に連れて行ったり。看病で疲れている父のフォローもした。その間に、家族でお互いに言っておきたいことはしっかり伝え、聞きたいことを聞き、それは濃密で豊かなとてもよい時間となった。

「その2週間のおかげで、母に感謝し、後悔することなくしっかり見送ることができました」

この経験があったから、カプのときも現状を冷静に受け止め「今、自分がやるべきことは何か」「悔いが残らないよう、できることはすべて一生懸命にやろう」と心から思えた。

「あ、死んじゃった……」

カプが亡くなったのは3月の末、定休日と祝日で連休が続いた日。1日ずっと一緒に過ごし、その夜のことだった。覚悟はしていたけれど、今晩だったとは。いつもは「明日のランチの仕込みが」なんて、時間に追われているけれど、休みはもう1日ある。時間はたっぷり。ずっと留守番ばかりだったけど、休日で旅立ちを見送ることができて本当によかった。ちゃんと日を選んで逝ったカプ、最期までいい子。えらいなぁ、なんでもわかっていたんだね。

その夜は夫婦ふたりで通夜。カプを囲んで献杯。たっぷりとカプに声をかけ、ゆっくり思い出話。飲みすぎた。次の日はカプを抱え、満開の桜並木を通り、ペット霊園のあるお寺へ。荼毘にふされる前、もう一度姿を見ようと棺代わりの箱を開けると、花に埋もれるように、昼寝をしているときと同じ格好で横たわっているカプ。思わず声をかけた。

日々の慌ただしさを考えたら、こんなにゆっくりお別れができるなんて思ってもいなかった。夫とふたりベンチに座り、桜を見ながらもう一度、缶ビールで献杯。家と家族を見守り、一番の愛を持って、このタイミングで旅立った。

「カプ、うちに来てくれてありがとう。大好きだったよ、これからも大好きだよ。ありがとう。ありがとう。ありがとう。バイバイ……」

連休中、いっぱい泣いていっぱい悲しんだ。

小澤家は同じ地区で4回引っ越しをしたが、どこも日当たりのいい部屋ばかり。カプの日課は、日ざしを追いかけるように動きながらの昼寝。晴れた日に静かなリビングでゆっくり寝ているのが好きだった。留守番ばかりの猫生だったけれど、きっとしあわせだったよね。

ずっと3人でやってきたから、カプがいなくなって夫とふたりきりになって、大丈夫かなって思ったけれど……。まぁ、大丈夫。とはいえ、いつも「カプが待っているから帰ろう！」と言っていたのに、今は家に帰る楽しみがない。待っていてくれる存在は大事だった。帰宅後のクールダウンにも時間がかかるようになってしまった。

19年は、両親と暮らした年月と同じ。そう思うとずっしりと重い。いつもカプが寝ていたソファの隅に、今はシュタイフ製のテディベア。夫は、「猫が好きなんじゃなくて、カプが好きだったんだから、他の猫はいらない」と言っている。

先に行って、散歩しながら待ってて

はな 18歳・メス（ミニチュアピンシャー）

はなが亡くなってお骨になるとき、武井信康さんは斎場を出て外のベンチにいた。煙突からひと筋の白煙が天に昇っていくのをじっと見つめて……。

「よく言うじゃないですか、煙がふわふわっと犬のかたちに見えてきて、そのまま天に駆け上っていった、とか。そんなことは全然なかったです。ただ煙がふぁ〜とね、空に溶けて消えていきましたよ」

そう言って、遠くを見つめる。

はなは骨になり、小さな壺に納まってしまったが、手元には、生前、愛用していた犬用テントが残っていた。はなが大好きだったので、このテントの中に寝かせたまま、斎場に連れて来た。家に持ち帰ろうとも思ったが「ついさっきまで、ここにはなが寝ていたのに」、そう思い返すのがつらい。

「お手数をおかけして申し訳ないですが、これ、こちらで処分していただけませんか。こちらで焼却していただけたら、はなも天国にテントを持って行けて安心するんじゃないかと思うんです。寒いときにはこの中に入っていられると思うんです」

斎場の係の人にそうお願いしたら、引き受けてもらえてほっとした。

斎場から帰宅すると妻の真理子さんが、突然「椅子を買いに行きましょう」と言った。「はぁ？」と思ったが、武井さんはそれに従った。今思えば、あれが気持ちの区切りになった。家でめそめそしていたら、気持ちが余計に沈んでしまったかもしれない。

18年間ともに暮らしたはなが旅立ったのは２０１６年。横浜に暮らし、個人タクシーの運転手をしている武井さん。はなとの出会いは約20年前になる。34歳のときに交通事故に遭い大怪我をした。頭蓋骨骨折、左の肩から脚まで脱臼、三半規管にも異常が出た。九死に一生を得て、その後遺症を克服するべくリハビリに励まなくてはならなかったが、なかなか積極的に向き合うことができなかった。「なんちゅうか、事故のショックもあるし、〝なんで俺が〟みたいなひねくれた気持ちになってたんですよね」、そう当時を振り返る。そんなときに真理子さんが「犬でも飼ったら？」ときっかけをくれた。犬と一緒なら、遠くまで歩いても寂しくないし、張り合いになるに違いない。武井さんも犬は大好き。父親が犬好きだったことから、子どもの頃からたくさんの犬と過ごしてきたし、世話をするのは慣れていた。飼わない理由などなかった。

「でね、よし！　ってすぐ、近くのペットショップに行ったら、はながいたんです。ぴょんぴょん瞬間移動してるんじゃないか、ってくらいすごく元気で」

「かわいいね〜」と手を出したらガブッと咬まれた。

「お、こいつやる気あるじゃん、って気に入ったんです。連れて帰ってくれ、って言ってたんですかね」

はなの誕生日が、自分の人生において忘れられない大切な記念日と近いことにも縁を感じた。もう本当にかわいくてかわいくて、普通は手で犬を撫でるけど「僕は顔全体を擦（こす）りつけるようにしてはなを撫でてました」。「撫ですぎて、はなの腰からお尻あたりが禿（は）げた」というのも冗談のような本当の話。

武井家のボスは妻の真理子さん。真理子さんは、はなにも厳しくしつけをしていたが、武井さんはどちらかというと甘い。「どちらか」というより完全に甘い。

「はながうちに来て10ヶ月は、僕もリハビリがあって家にいたので、ほんとにずっと一緒にいたんです」

以前はお酒もたばこも嗜（たしな）んでいたが、「お酒をやめよう」と思い立ったのもはながきっかけだった。

「僕ね、寝ているはなの鼻から出る息を吸い込むのが好きでね、よくやってたんですよ」

少し恥ずかしそうに話し出した。はなは毎晩武井さんの右肩に顔を乗せて寝ていたので、はなの息を吸い込んでは「は〜」と癒されていた。

「α波が出るというか、そんな感じなんですよね」

そんなときにふと、思った。「待てよ、こんな近くで寝ているのだから、はなも僕の息を吸い込むこともあるかもしれない。ほぼ毎晩お酒を飲んで寝ているのだから、はなは酒臭い息を吸っていることになる……」

そう思ったら、はなに申し訳なくなり断酒を誓わずにはいられなくなった。

「それで、飲みかけの一升瓶の芋焼酎をキッチンのシンクに流して捨てたんです」

あれからどれくらい年月が過ぎたか、以降、武井さんはお酒を一滴も飲んでいない。


「実はね、うちにもう1匹犬がいたんですよ」

それは同じミニチュアピンシャーのミミ。はなのあとにミミが来て、しばらく一緒に暮らしていたが、2匹でよくいたずらをするようになり困っていたところ、知り合いから「ミミちゃんを譲ってもらえないか」と話があった。ミミは賢くしつけもできていたため先方が気に入り「ぜひに」と懇願された。

「それでね、悩んだ末にあげちゃったんです。信頼できる人でもあったし。それではなが伸び伸びするようになったというのもあるんですけど、もう後悔してね」

武井さんは「後悔」という言葉を何度も口にした。

「人生での大失敗というか大後悔です。その反動ではなを溺愛するようになったというのもあると思いますね」


はなが18歳になる誕生日には東京・青梅市の武蔵御嶽神社に行った。「おいぬ様」

と呼ばれ、犬を守ってくれるという信仰で有名な神社なので、はなを連れて夫婦で。「これまで無事に生かしていただいてありがとうございます。そして、これからもよろしくお願いします」の気持ちを込めてのお参りだった。神主さんにお祓いをしてもらい、犬形代（犬をかたどった和紙。それで撫でると〝悪いところが治る〟という言い伝えがある）ではなを撫でてもらう。はなの両目はすでに見えていなかったけれど、リードにつながれたはなは軽快に歩いた。

「見えていないのに、何かを不安がることもなくすごく楽しそうに僕について来てくれるんですよ。もう、こんなにも自分を信頼してくれてるんだなーって、胸が熱くなりました」

お参りもして悪いところを治してもらったはずだったが、それから2週間ほどした日、はなは急に倒れた。運よく一緒にいたときだったので、抱え上げて「はな――――！」と絶叫。ひと目見たときに「あ、これは人間でいう脳梗塞のようなものだな」と理解した。しばらくすると意識も回復して、元のはなに戻ったが、右半分の目の輝きや表情はずいぶん変わってしまって、「これが後遺症なんだと思いました。ほんとに人と同じです」。

それでも食欲もそれなりにあるし、散歩にも行って変わらない暮らしをしていたけれど、徐々に腰も立たなくなり、紙パンツをはいて寝たきりとなって、そのまま2週間を過ごした。そして、老衰も極まり食餌も受け付けなくなっていった。

「何かで読んだんですよね。老衰で食べなくなったら2日しかもたない、って。あぁ、あと2日なんだな、と腹をくくりました」

それでもハーゲンダッツのバニラアイスクリームをスプーンで差し出すとおいしそうになめた。「なんだおまえ、こんな状態になっても、アイスは食べるのかよ」。笑って泣いた。

「もう何年でも介護してやるぞ、安心しろよ」という強い気持ちもあったが、瀕死のはなを見つめているうちに、ふと気づいたことがあった。〝世話をしている〟とか〝面倒を見ている〟とか自分で思っていたけれど、本当は、はなが自分を励まして、支えていてくれたのではないか。心のどこかに「自分が愛情かけて育てたから、はなは長生きしてるんだ」という驕(おご)りがあったのかもしれない。はなは、いつもママ（妻の真理子さん）に怒られている僕が心配で死ぬに死ねなかったんじゃないかな。自分の過剰な思いが、はなに無理をさせてしまっていたのではないか……。はなと少しでも長くいたくて、あれこれ気合いを入れすぎてしまっていた。はな本位に考えるよりも、自分がどうしたいかに走ってしまっていたな。はなは迷惑だったかもしれない。脳梗塞のようになったとき、「もうそろそろ死ぬよ」って言っていたのかもしれないのに、僕はその気持ちを受け止めてやることができなかった。依存していたのは僕のほう。ごめん、はな……。

そして声をかけた。

「はな、もう死んでいいよ。先に死んで、待っててくれよ。また会えっからさ。天国には犬好きな僕の父親もいるから、一緒に散歩でもしながら、待ってろよ」

その翌日は有給を取った。武井さんは自分のジャケットの胸の中にはなを入れ、真理子さんといつもの散歩コースを歩き、その途中にはなは亡くなった。ガクッと力が抜けて「ペリカンのくちばしのように、はなの身体はペコッとなった」。18年間通い続けた大好きな河原から、はなは旅立って行った。「死んでいいよ」、武井さんがそう言った翌日に逝ったはなに、武井さんはつぶやいた。

「こんなときだけ、僕の言うこと聞くのかよ。いつもはママの言うことしか聞かなかったじゃないかよ……」

はな、死んじゃった……。夫婦で立ち尽くしていたら、はなのおしりから小さなうんちがポロリとこぼれた。そんなとぼけたところも、最期まではならしくて愛おしかった。

「人の1日は、犬の1週間」と最近CMでやっていたけれど、それは前から肌で感じていた。そう思うと「毎日の散歩も人間でいったら2泊3日くらいの旅行に感じているのかな」と想像する。だから、散歩も「いち散歩入魂」。どんな瞬間も手を抜かずに接してきたつもり。「はなはどうしたいか」を一番に考えて暮らしてきた。犬に対して「威張らない、見下さない」が信条。

これまで何かを貫き通した自信はないが、「犬に関しては、一途に嘘なく接してきた」という自負がある。はなのおかげで忍耐強くなったり、相手をより思いやることができたり。

「犬って、人を成長させるために生まれてくるんじゃないかと思うんです。僕もはなにずいぶん教えてもらいました」

はなを見送り、未練はあるが、気持ちはすっきりしている。

文庫 あとがき

この本について「読みたいけれど、泣いてしまうから読む勇気がないんです」と言われることがあり、とても残念に思っていました。先入観でしょうか、「ペットとの別れやペットロスについて描かれ、読むと落ち込んでしまいそう」と感じている方が多いよう。

本書の執筆を通して私自身が知りたかったことは、ペットの健康寿命を延ばす知恵と暮らし方。そして伝えたかったことは、別れはおしまいではないということ。読んでいただければ、共感や前向きな気づきもきっとあると思っています。

ペットの晩年をどのように見守り介護をするか、最期の迎え方など、その捉え方は自分の死生観と重なるのではないでしょうか。自分だったらどんなふうに最期を迎えたいか、死んだあと家族や周囲の人にどう思い出してほしいか……。そう想像すれば、愛犬愛猫との限りある時間の過ごし方や、別れをどう受け入れるのか自ずと答えが見つかりそうです。正解はひとつではありません。私だったら、痛みや苦しさを除いてできるだけ自然に。死んでしまったあとは、一緒にごはんを食べたことやおもしろかったことを思い出して笑ってほしい。


『楽しかったね、ありがとう』の単行本刊行から3年。13歳だったセンパイは16歳になり、目下、絶賛介護中です。この本に登場する20人のみなさんが語ってくれたエピソードのひとつひとつを「そっか、あの言葉の意味はこういうことか」「なるほど、こんな状況や対処について言いたかったんだな」と、実感を持って気づく日々です。

「犬って、人を成長させるために生まれてくるんじゃないかと思うんです」と話してくれたのは、はなちゃんの飼い主・武井さん（P.190）。私もセンパイに鍛えてもらっているような気がしています。また、黄金ちゃんの飼い主・赤井さん（P.68）は「生と死は地続き。生きてきた一部に死がある」と語っていました。この言葉もまた、今の私を支えてくれています。

拙い聞き手を前にしながらも、みなさんはていねいに話をしてくださいました。初対面の方もいらっしゃいました。お忙しい中、誠意を持って対応してくださったことにあらためてお礼申し上げます。ありがとうございました。貴重な体験を伝え教えてくださったおかげで、私は先々におびえることなく、老犬介護生活を送れています。

別れを恐れて日々を過ごすのはせっかくの今日がもったいないですね。どうぶつは人の何倍もの速さで生を駆け抜けていきますが、だからこそ家族として暮らすことができる。見送れるのもまたしあわせのかたち。

網中いづるさんが描いてくださった犬や猫は、小さくなってもなおかわいく、緑の芝生が眩しいです。単行本から文庫へすてきにリメイクしてくれたのはデザイナーのわたなべひろこさん。いつも的確で迅速なアドバイスで導いてくれる編集者の菊地朱雅子さん。ありがとうございました。

そして、手に取り読んでくださったみなさん、ありがとうございました。

今回読み返してみて、しみじみ「いい本だなぁ」と思いました。おめでたくもしあわせな私です。この文庫がみなさんの手元に届く頃、センパイが無事に17歳を迎えられますように。そして、その日が来たら後悔ではなく感謝で見送れますように。

２０２２年７月　　石黒由紀子

本文デザイン　わたなべひろこ
イラストレーション　網中いづる

Special Thanks

春日井由紀子　金森美也子　坂本織衣

篠原智子　山田マチ　山中美和

石黒由紀子

エッセイスト。日々の暮らしや犬猫のことを中心に執筆。
著書に『豆柴センパイと捨て猫コウハイ』
『猫は、うれしかったことしか覚えていない』など。

https://www.instagram.com/yukiko_ishiguro_/

https://twitter.com/yukikoishiguro

生まれてきたすべてのどうぶつたちが、

しあわせな一生を

まっとうできる日が来ることを願って。

この作品は二〇一九年六月小社より刊行されたものです。

幻冬舎文庫

●好評既刊
猫は、うれしかったことしか覚えていない
石黒由紀子・文　ミロコマチコ・絵

「猫は、好きをおさえない」「猫は、引きずらない」「猫は、命いっぱい生きている」……迷ったり、軸がぶれたとき、自分の中にある答えを探るヒントを、猫たちが教えてくれるかもしれません。

●好評既刊
犬のしっぽ、猫のひげ
豆柴センパイと捨て猫コウハイ
石黒由紀子

食いしん坊でおっとりした豆柴女子・センパイが5歳になった頃、やんちゃで不思議ちゃんな弟猫・コウハイがやってきた。2匹と2人の、まったり、時にドタバタな愛おしい日々。

●最新刊
ピカソになれない私たち
一色さゆり

日本最高峰の美大「東京美術大学」で切磋琢磨する4人の画家の卵たち。目指すは岡本太郎か村上隆か――。でも、そもそも芸術家に必要な「才能」って、何だ？　美大生のリアルを描いた青春小説。

●最新刊
落語DE古事記
桂　竹千代

日本の神様は、奔放で愉快でミステリアス――。壮大な日本最古の歴史書を、落語家・桂竹千代がわかりやすく爆笑解説。ちょっと難解&どこか妙ちきりんな神様の話が、楽しくスラスラ読める！

●最新刊
花嫁のれん
大女将の遺言
小松江里子

女将の奈緒子は持ち前の明るさで、金沢の老舗旅館「かぐらや」を切り盛りしている。ある日、無茶な注文をするお客がやってきて……。お腹も心も満たされる人情味溢れる物語、ここに開店！

幻冬舎文庫

●最新刊
同姓同名
下村敦史

日本中を騒がせた女児惨殺事件の犯人が捕まった。その名は大山正紀――。不幸にも犯人と同姓同名となった名もなき大山正紀たちの人生が狂い出す。登場人物全員同姓同名。大胆不敵ミステリ！

●最新刊
落葉
高嶋哲夫

パーキンソン病を患い、鬱屈していた内藤がユーチューバーやゲーム好きの学生らと出会う。病の進行を抑える秘策を彼らと練り始め……。衰えに抗う人と世を変えたい若者の交流を描く感動作！

●最新刊
京都に女王と呼ばれた作家がいた
山村美紗とふたりの男
花房観音

日本で一番本が売れた年、山村美紗が亡くなった。ベストセラー作家と持て囃された〝ミステリの女王〟。華やかな活躍の陰に秘められた謎とは。文壇のタブーに挑むノンフィクション。

●最新刊
サッカーデイズ
はらだみずき

小学三年生の勇翔の夢は、プロサッカー選手。だが、レギュラーへの道は険しい。かつて同じ夢を抱いていた父の拓也は、そんな息子がもどかしい。スポーツを通じて家族の成長を描いた感動の物語。

●好評既刊
猫だからね②
そにしけんじ

「猫シェフ」「猫棋士四段」「泥棒猫」「プロゴルファー猫」「猫ホテルマン」「猫寿司職人」……人間たちを困らせる、自由奔放な行動が、やっぱりかわいくてたまらない。だって、猫だからね。

楽しかったね、ありがとう

石黒由紀子

令和4年9月10日　初版発行

発行人――石原正康
編集人――高部真人
発行所――株式会社幻冬舎
〒151-0051東京都渋谷区千駄ヶ谷4-9-7
電話　03(5411)6222(営業)
　　　03(5411)6211(編集)
公式HP　https://www.gentosha.co.jp/
印刷・製本―株式会社 光邦
装丁者――高橋雅之
検印廃止

幻冬舎文庫

ISBN978-4-344-43225-3　C0195　い-66-3

この本に関するご意見・ご感想は、下記アンケートフォームからお寄せください。
https://www.gentosha.co.jp/e/